Heidelberger Taschenbücher Band 120

H. Hofer

Datenfernverarbeitung

Außenstelle – Datenfernübertragung
Rechenzentrum – Betriebsabwicklung

Eine Einführung

Dritte, überarbeitete Auflage
von L. Moos

Mit 192 Abbildungen

Springer-Verlag
Berlin · Heidelberg · New York · Tokyo 1984

Hauptautor:
Herbert Hofer
Siemens AG, München

Mitarbeiter an der 2. Auflage:
Wolfgang Gnieser, Herbert Schöder, Gerd Wilhelmi,
Siemens AG, München

Bearbeiter der 3. Auflage:
Lothar Moos, Schule für Datentechnik,
Siemens AG, München

CIP-Kurztitelaufnahme der Deutschen Bibliothek

Hofer, Herbert:
Datenfernverarbeitung:
Aussenstelle — Datenfernübertragung — Rechenzentrum — Betriebsabwicklung ;
e. Einf. / H. Hofer. — 3., überarb. Aufl. / von L. Moos. —
Berlin ; Heidelberg ; New York ; Tokyo : Springer, 1984.
(Heidelberger Taschenbücher ; Bd. 120)

NE: Moos, Lothar [Bearb.]; GT

ISBN-13:978-3-540-13165-6   e-ISBN-13:978-3-642-82231-5
DOI: 10.1007/978-3-642-82231-5

Satz: Hermann Hagedorn GmbH & Co., Berlin

2362/3020-543210

Vorwort zur dritten Auflage

Der nunmehr in dritter Auflage vorliegende „Hofer" hat sich als allgemeine Einführung in die Datenfernverarbeitung in den mehr als zehn Jahren seit seinem ersten Erscheinen vieltausendfach bewährt. Der jetzige Bearbeiter hat deshalb, dem Rechnung tragend, Eingriffe nur dort vorgenommen, wo neue Techniken oder neue Begriffe dies notwendig machten.

Beibehalten wurde auch der besondere Aufbau des Buches, wie er sich deutlich im Inhaltsverzeichnis widerspiegelt: Der Themenkreis ist in die vier Sektoren Außenstelle, Datenfernübertragung, Rechenzentrum und Betriebsabwicklung aufgegliedert. In jedem Abschnitt, mit dem dritten beginnend, werden nacheinander alle vier Sektoren behandelt, wobei von Abschnitt zu Abschnitt eine Vertiefung oder Ausweitung des Stoffes stattfindet. „Auf diese Weise behält der Leser von Anfang an das gesamte Datenfernverarbeitungssystem im Auge und verliert auch bei vorzeitigem Abbruch seines Studiums nicht das Verständnis für die Zusammenhänge", wie im Vorwort zur ersten Auflage die didaktische Intention beschrieben wurde.

Jeder, der sich mit der Datenfernverarbeitung oder einem anderen Teilgebiet der Datenverarbeitung beschäftigt, muß damit leben, daß die Terminologie sehr uneinheitlich und unsystematisch ist; Gleiches gilt für die üblichen Abkürzungen. Dies rührt in erster Linie daher, daß hier im Laufe der Zeit die getrennt entstandenen Begriffswelten vieler Hersteller und Betriebsgesellschaften zusammentrafen und die Normungen — soweit sie überhaupt existieren — sich im Sprachgebrauch noch nicht voll durchsetzen konnten. Dies Buch bemüht sich, alle gebräuchlichen Begriffe vorzustellen.

Abschließend sei allen gedankt, die durch Hinweise und Anregungen dazu beigetragen haben, diese dritte Auflage auf den neuesten Stand zu bringen.

München, im Dezember 1983   Lothar Moos

Aus dem Vorwort zur ersten Auflage

Das vorliegende Buch ist eine allgemeine Einführung in die Datenfernverarbeitung unter Berücksichtigung hardwaremäßiger und softwaremäßiger Zusammenhänge. Es soll dem Neuling auf diesem Gebiet in leicht verständlicher Form das notwendige Grundlagenwissen vermitteln.

Wer in groben Umrissen Sinn und Aufbau einer Datenverarbeitungsanlage kennt, erfüllt die Eingangsvoraussetzungen und wird ohne Mühe den Ausführungen über die Datenfernverarbeitung folgen können.

Um dem Studierenden die Selbstkontrolle zu ermöglichen, sind an jedem Abschnittsende Übungsfragen eingebaut. Die Richtigkeit der Fragenbeantwortung kann mit Hilfe der im Anhang zu findenden Lösungen überprüft werden. Dieses Lehrbuch hat sein Ziel erreicht, wenn der Studierende etwa 75 % der gestellten Fragen sinngemäß richtig beantworten kann.

In der Datenverarbeitung bedient man sich zahlreicher Abkürzungen, da viele Fachausdrücke relativ lang sind. Sie bürgern sich mehr und mehr ein und sind schon heute aus der „Umgangssprache" dieses Fachgebietes nicht mehr wegzudenken. Leider werden die Abkürzungen nicht nach einheitlichen Regeln abgeleitet, sondern man verwendet sie so, wie sie „erschaffen" wurden. So muß man sich vorläufig damit abfinden, daß, um nur ein Beispiel zu nennen, das Wort „Außenstelle" AST, das Wort „Datenstation" DSt abgekürzt wird. Um dem Leser das Erlernen der Abkürzungen zu erleichtern, werden sie beim erstmaligen Auftauchen nur in Kombination mit dem zugeordneten ausgeschriebenen Wort verwendet, und zusätzlich sind sie in einem Verzeichnis im Anhang aufgeführt.

München, im Januar 1973   Herbert Hofer

Inhaltsverzeichnis

Anhang   Seite

1

Einleitung

Einleitung

A. Was heißt „Datenfernverarbeitung"?

Daten-fern-verarbeiten heißt, Daten von ihrem Entstehungsort
(Bild 1.1) zu einer entfernt liegenden Datenverarbeitungsanlage
(Bild 1.2) zu übertragen, um sie dort zu verarbeiten; die Ergebnisse
werden in der Regel zurückübertragen.
Datenfernverarbeitung (Dfv) ist also die Zusammenfassung von
Datenübertragung und Datenverarbeitung.

Bild 1.1. Außenstelle mit Datenstation

B. Warum Datenfernverarbeitung?

Bestimmte organisatorische Aufgaben können nur von einem Dfv-System befriedigend gelöst werden. Eine solche organisatorische Aufgabe stellt z.B. eine Bank mit ihren Filialen dar (Bild 1.3). Die dezentral in den Filialen anfallenden Daten müssen durch die kontoführende Stelle, der Zentrale, verarbeitet werden, was eine vorausgehende Datenfernübertragung (DÜ) bedingt.

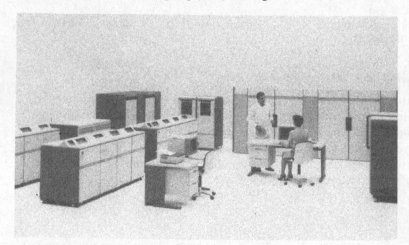

Bild 1.2. Datenverarbeitungsanlage in einem Rechenzentrum

Neben dem organisatorischen Aspekt führen auch reine Überlegungen bezüglich der Wirtschaftlichkeit zum Einsatz von Dfv-Systemen. So ist die Aufstellung einer leistungsfähigen DVA immer mit einem erheblich finanziellen Aufwand verbunden. Um die Anschaffungskosten zu rechtfertigen, muß eine DVA hinreichend ausgelastet sein.

Bei manchem Anwender besteht jedoch die Absicht, eine DVA nur kurzzeitig zu belegen. Um diesem Verlangen Rechnung zu tragen und trotzdem die Rentabilität der Anlage zu gewährleisten, muß eine solche DVA vielen Teilnehmern zugänglich sein. Dadurch kann die verwendete Zentraleinheit (ZE) — ein Großrechner — durch viele Kleinaufträge voll genutzt werden und somit wirtschaftlich arbeiten (Bild 1.4).

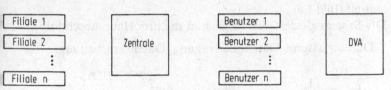

Bild 1.3. Bank mit ihren Außenstellen   Bild 1.4. Teilnehmer-Rechensystem

C. Wie funktioniert die Datenfernverarbeitung?

Eine mögliche, konventionelle Form der Fernverarbeitung von Daten besteht darin, Informationen auf Datenträgern (z. B. Lochkarten, Lochstreifen, Magnetband) in einer Außenstelle (AST) zu sammeln und sie anschließend durch körperlichen (manuellen) Transport zur DVA zu bringen. Dort werden die Informationen dann verarbeitet und die Verarbeitungsergebnisse über ein peripheres Gerät (z. B. Lochkartenstanzer, Schnelldrucker, Magnetbandgerät usw.) ausgegeben (Bild 1.5).

Werden die durch die DVA erstellten Ergebnisse von der AST zur Auswertung benötigt, so erfolgt der Rücktransport.

Datenerfassung   Datenübertragung   Datenverarbeitung

Bild 1.5. Körperlicher Datentransport

Bei dem beschriebenen Verfahren sind die Vorgänge Datenerfassung — Verarbeitung — Auswertung räumlich und zeitlich voneinander getrennt. Der Zeitunterschied zwischen Datenerfassung und Auswertung bringt es mit sich, daß die Aktualität dieser Verarbeitungsergebnisse begrenzt ist. Ein solches Verfahren ist nur dann angebracht, wenn die räumliche Trennung zwischen AST und DVA in Grenzen gehalten werden kann und keine engen, einschränkenden Zeitbedingungen an die Verarbeitungsergebnisse geknüpft sind.

In vielen Fällen wird jedoch verlangt, daß bald nach der Datenerfassung durch die AST die Ergebnisse zur Auswertung zur Verfügung stehen. Um dieser Forderung zu genügen, muß der Datentransport zwischen AST und DVA in möglichst kurzer Zeit erfolgen. Zur Realisierung dieser Zeitbedingung bieten sich elektrische Übertragungswege an. Die Daten werden in Form elektrischer Signale übermittelt (Bild 1.6).

Ein Dfv-System gliedert sich folglich in die drei Hauptabschnitte

Datenerfassung, Datenübertragung, Datenverarbeitung.

Bild 1.6. Datentransport auf Fernleitungen, DEE: Datenendeinrichtung

D. Wo können Datenfernverarbeitungssysteme eingesetzt werden?

Dfv-Anlagen sind in allen Bereichen von Wissenschaft, Wirtschaft und Verwaltung anzutreffen und übernehmen dabei Auskunfts-, Buchungs- und Organisationsaufgaben. Die nachfolgenden Anwendungsbeispiele sollen einen Einblick in das Wesen von Dfv-Anlagen vermitteln und einige Anwendungsgebiete aufzeigen.

Bei Fluggesellschaften, Reisebüros oder Bahnverwaltungen ist im Platzreservierungswesen die Dfv nicht mehr wegzudenken. Obwohl viele Stellen Reservierungswünsche entgegennehmen, muß die Doppelbelegung eines Sitzplatzes oder Schlafwagenabteils ausgeschlossen sein. Dazu ist erforderlich, daß jedes Platzreservierungsbüro Auskunft über noch freie Plätze von einer zentralen Buchungsstelle, auch über Kontinente hinweg, einholen und getätigte Reservierungen zum Rechenzentrum durchgeben kann.

Ähnlich ist die Problemstellung bei einer Bank mit einem ausgedehnten Zweigstellennetz, bei der jede Filiale über den neuesten

Kontostand eines Kunden sich informieren und vorgenommene Zahlungen zur Zentrale durchgeben können muß, wo der buchführende Rechner alle Kontoverschiebungen registriert (Bild 1.7).

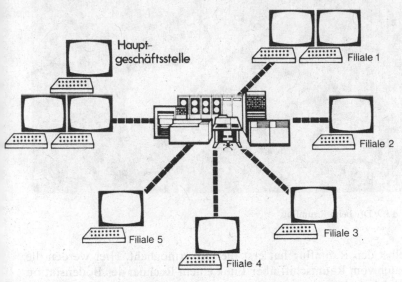

Bild 1.7. Buchungs- und Auskunftssystem

Ein weiteres Anwendungsgebiet ist die Verkehrssteuerung. Einem Rechner werden hierbei Meßdaten über das Verkehrsaufkommen von verschiedenen Straßenknotenpunkten zugeleitet, mit deren Hilfe der Rechner den Verkehrsfluß steuert (Bild 1.8).

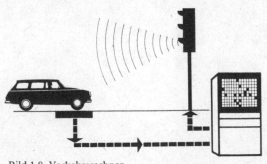

Bild 1.8. Verkehrsrechner

Bild 1.9. Dfv beim Raumflug

Selbst den Raumflug hat erst die Dfv ermöglicht. Hier werden die Daten vom Raumschiff über Funk einem Rechner der Bodenstation zugeleitet, der eventuelle Kursabweichungen feststellt und die Leitstelle zur notwendigen Kurskorrektur veranlaßt (Bild 1.9).

Bei großen Sportveranstaltungen haben Dfv-Anlagen ebenfalls ihren festen Platz gefunden. Es sei in diesem Zusammenhang an die XX. Olympischen Sommerspiele vor mehr als einem Jahrzehnt in München erinnert, bei denen erstmals in großem Rahmen eine DVA Zuschauer, Sportler und Journalisten schnell und zuverlässig mit den neuesten Informationen von allen, über einen weiten Bereich verstreuten Wettkampfstätten versorgt hat (Bild 1.10).

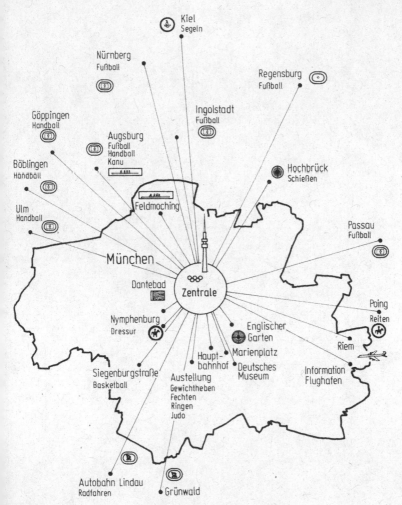

Kiel
Segeln

Nürnberg
Fußball

Regensburg
Fußball

Göppingen
Handball

Augsburg
Fußball
Handball
Kanu

Ingolstadt
Fußball

Böblingen
Handball

Hochbrück
Schießen

Ulm
Handball

Feldmoching

Passau
Fußball

München

Dantebad

Zentrale

Poing
Reiten

Nymphenburg
Dressur

Englischer
Garten

Riem

Haupt-
bahnhof

Marienplatz

Siegenburgstraße
Basketball

Austellung
Gewichtheben
Fechten
Ringen
Judo

Deutsches
Museum

Information
Flughafen

Autobahn Lindau
Radfahren

Grünwald

Bild 1.10. Dfv-Netz bei den XX. Olympischen Sommerspielen

7

2

Grundbegriffe

Grundbegriffe

A. Formen des Datenaustausches

Der Datenaustausch zwischen Außenstelle (AST) und Datenverarbeitungsanlage (DVA) kann in kleinen Datenmengen in Form eines Frage-Antwort-Spieles oder in großen Datenmengen erfolgen. Die erstgenannte Form wird Dialogbetrieb (Dialogverkehr), die letztere Stapelbetrieb (Stapelverkehr) genannt.

Stapelbetrieb

Bei der Stapelfernverarbeitung wird zunächst eine große Anzahl von Daten auf maschinell lesbaren Datenträgern (z. B. Lochkartenstapel) gesammelt und dann übertragen. Die zur Stapelübertragung geeigneten Geräte werden als Stapelstationen (z. B. Lochkartengeräte,

9

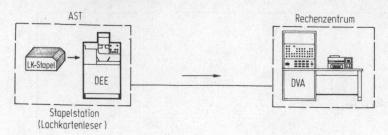

Bild 2.1. Stapelübertragung von AST zur DVA

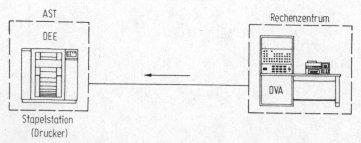

Bild 2.2. Stapelübertragung von der DVA zur AST

Lochstreifengeräte, Drucker, Magnetbandgerät) bezeichnet (Bild 2.1). Sendefähige Stapelstationen sind Lesestationen für maschinell lesbare Datenträger.

Die Stapelübertragung in entgegengesetzter Richtung, also von einer DVA zu einer AST, wird ebenfalls oft angewandt (Bild 2.2).

Bild 2.3 Stapelstation bestehend aus Drucker und Magnetbandgerät

Empfangsfähige Stapelstationen sind Druck-, Stanz- oder Magnet-
bandstationen zur Ausgabe der empfangenen Daten auf visuell oder
maschinell lesbaren Datenträgern.
Bild 2.3 zeigt eine kombinierte Stapelstation.

Dialogbetrieb

Der Dialogbetrieb ist für den sofortigen Informationsaustausch
zwischen AST und DVA bestimmt und dient dem Dialog zwischen
Mensch und Rechner.
Beim Dialogverkehr werden die Daten in der AST meist über eine
Tastatur eingegeben, zur DVA übertragen, dort umgehend verarbeitet und das Verarbeitungsergebnis sofort zur AST zurückübertragen (Bild 2.4). Das Ergebnis erscheint in der AST auf einem
visuell lesbaren Datenträger. Im Gegensatz zur Stapelverarbeitung
werden beim Dialogbetrieb meist nur kleinere Datenmengen je
Übertragungsvorgang als Frage-Antwort-Folge transferiert.

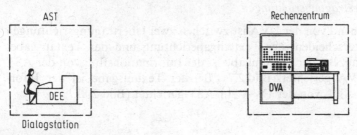

Bild 2.4. Dialogverkehr

Die für den Dialogverkehr geeigneten Geräte nennt man Dialog-
stationen (z. B. Fernschreiber, Bild 2.5, oder Datensichtstation,
Bild 2.6).
Die Unterschiede zwischen Stapel- und Dialogbetrieb sind in
Tabelle 2.1 zusammengestellt.

Tabelle 2.1. Gegenüberstellung Stapelbetrieb — Dialogbetrieb

	Stapelbetrieb	Dialogbetrieb
Datenmenge	meist groß	meist klein
Unmittelbare Mitwirkung einer DVA	nicht notwendig	ja
Verarbeitung der Daten	keine Zeitbedingung	sofort
Antwort von der DVA	nicht immer notwendig	sofort

11

Bild 2.5. Fernschreiber   Bild 2.6. Datensichtstation

B. Übertragungsrichtungen

Ausgehend von der DVA ist zwischen zwei Übertragungsrichtungen zu unterscheiden, der Texteingaberichtung und der Textausgaberichtung. Bei der Texteingabe ist der Informationsfluß von der AST zur DVA gerichtet (Bild 2.7). Bei der Textausgabe ist der Informationsfluß von der DVA zur AST gerichtet (Bild 2.8).

Bild 2.7. Informationsrichtung bei der Texteingabe

Bild 2.8. Informationsrichtung bei der Textausgabe

C. Formen der Datenfernverarbeitung

Es gibt zwei Formen der Datenfernverarbeitung (Dfv), die direkte (On-line-Betrieb) und die indirekte (Off-line-Betrieb).
Bei einer Datenübermittlung ohne sofortige Verarbeitung der ein-

12

laufenden Daten kann die Zentraleinheit (ZE) von der Aufgabe des Datenempfanges entbunden werden. Diese Funktion übernimmt dann innerhalb der DVA ein Datenendgerät, wie es auch in Außenstellen verwendet wird. Da die ZE bei einer solchen Form der Datenfernübertragung (DÜ) nicht beteiligt ist, spricht man von der indirekten Dfv oder vom Off-line-Betrieb.

Ist hingegen bei der DÜ die ZE miteinbezogen, so ist dies eine direkte Dfv, auch On-line-Betrieb genannt.

Indirekte Datenfernverarbeitung (Off-line-Betrieb)

Bei der indirekten Dfv ist die AST zwar direkt mit dem Rechenzentrum, nicht aber mit dem Rechner (ZE) der DVA verbunden. Die AST arbeitet nicht unmittelbar mit der ZE zusammen.

Im Off-line-Betrieb werden bei der Texteingabe die von der AST kommenden Daten im Rechenzentrum nicht sofort verarbeitet, sondern zunächst auf einem maschinell lesbaren Datenträger abgespeichert. Das Abspeichern findet über eine sich im Rechenzentrum befindliche DEE, ohne Beteiligung der ZE statt. Um derart übertragene Daten verarbeiten zu können, muß der durch das Datenausgabegerät beschriebene Datenträger in ein peripheres Eingabegerät der ZE manuell umgeladen werden (Bild 2.9).

Bei der Textausgabe wird im Off-line-Betrieb auf ähnliche Weise der umgekehrte Weg durchlaufen. Das von der ZE erarbeitete Ergebnis wird über ein peripheres Ausgabegerät auf einem maschinell lesbaren Datenträger zwischengespeichert. Anschließend erfolgt das manuelle Umladen des Datenträgers in die Datensendestation (Ergebniseingabe) des Rechenzentrums. Dann wird die auf dem Datenträger stehende Information zur AST übertragen (Bild 2.10).

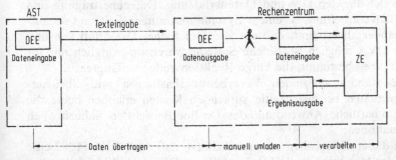

Bild 2.9. Texteingabe beim Off-line-Betrieb

13

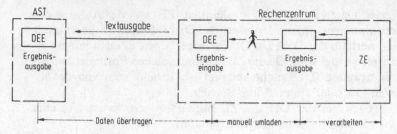

Bild 2.10. Textausgabe beim Off-line-Betrieb

Die Off-line-Datenfernverarbeitung hat heute ihre Bedeutung verloren.

In der Vergangenheit wurde sie häufig dort angewandt, wo die Verarbeitung der Daten nicht sofort erfolgen mußte, der Transport von Datenträgern mit herkömmlichen Verkehrsmitteln wie Flugzeug, Bahn oder Auto jedoch zu langsam oder zu umständlich war.

Direkte Datenfernverarbeitung (On-line-Betrieb)

Im On-line-Betrieb ist die AST direkt mit der DVA verbunden (Bild 2.11).

Die Daten werden, sofern nötig, innerhalb der DVA zwischengespeichert (z. B. auf Plattenspeichern). Das manuelle Umladen von Datenträgern entfällt.

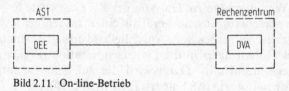

Bild 2.11. On-line-Betrieb

Bei der direkten Dfv sind Datenerfassung, Datenübertragung und Datenverarbeitung zu einem System zusammengefaßt und so aufeinander abgestimmt, daß ein kontinuierlicher Datenfluß von und zur DVA möglich ist. Solche Systeme waren ursprünglich nur für Aufgaben bestimmt, die kurze Reaktionszeiten verlangten.

Die ständig steigenden Verarbeitungsleistungen und Speicherkapazitäten bei gleichzeitig sinkenden Kosten erlauben heute die wirtschaftliche Anwendung des On-line-Betriebs in nahezu allen Situationen.

Bei dieser Gelegenheit ist zu erwähnen, daß nach DIN 44302 eine an der DÜ beteiligte DVA ebenfalls als DEE gilt (Bild 2.12).

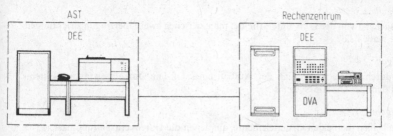

Bild 2.12. DVA als DEE

D. Grundelemente der Datenverarbeitung

Die Datentechnik wird durch zwei Grundelemente getragen, die Software (programmtechnischer Teil) und die Hardware (gerätetechnischer Teil einschließlich ZE). Hardware und Software stellen somit die beiden Säulen dar, auf denen die Datenverarbeitung basiert.

Die Bezeichnung „Software" ist ein Sammelbegriff für alle Arten von Programmen. Das Wort kommt aus dem Englischen und bedeutet wörtlich übersetzt „Weich-Ware", womit angedeutet werden soll, daß Programme beliebig abgeändert werden können, also „weich" sind.

Unter den Begriff „Hardware" fallen die gerätetechnischen Einrichtungen wie ZE, Ein/Ausgabegeräte, Übertragungseinrichtungen und Funktionsabläufe, die nicht unmittelbar durch die Software (das Programm) beeinflußbar sind. Solche Funktionsabläufe sind z.B. Gerätesteuerungen, Übertragungsfehlerkontrollen usw.

Das englische Wort „Hardware" (es bezeichnet eigentlich Eisenwaren) heißt wörtlich „Hart-Ware", es soll darauf aufmerksam machen, daß Geräte in ihrer Konzeption nicht verändert werden können, also „hart" sind.

Aufgaben zum Abschnitt 2

Wie hier, so befinden sich auch am Schluß der Abschnitte 3 bis 10 Aufgaben, die die Selbstkontrolle des Erlernten erleichtern sollen. Vergleichen Sie Ihre Antworten mit denen, die im Anhang ab Seite 208 zu finden sind.

Aufgabe 2.1
Was ist unter Datenfernverarbeitung zu verstehen?

Aufgabe 2.2
Wozu dient der Dialogbetrieb?

15

Aufgabe 2.3

Ausgehend von der DVA unterscheidet man zwischen zwei Übertragungsrichtungen. Wie heißen sie?

Aufgabe 2.4

Wodurch unterscheidet sich der Aufbau eines Off-line-Datenübertragungssystems von dem des On-line-Systems?

Aufgabe 2.5

Wie heißen die beiden Grundelemente, auf denen die Datenverarbeitung basiert?

3

Ein Datenfernverarbeitungs-(Dfv-)System setzt sich aus vier System-bestandteilen zusammen:

den Datenendeinrichtungen (DEE),
den Datenübertragungseinrichtungen (DÜE),
der Übertragungsstrecke (Leitung),
der Software.

3.1. Datenendeinrichtungen der Außenstellen

Wie bereits erwähnt, gelten nach DIN 44302 sowohl Datenendplätze als auch eine an der Datenübertragung (DÜ) beteiligte Datenver-arbeitungsanlage (DVA) als DEE. Hier soll zunächst von DEE, die nicht mit der DVA identisch sind, die Rede sein. Diese Datenend-

17

plätze setzen sich in der Regel aus Datenendgerät (DEG) und der Datenübertragungssteuerung für Außenstellen (DUSTA) zusammen (Bild 3.1).
Das DEG ist das eigentliche Ein/Ausgabegerät, während die DUSTA die DÜ kontrolliert und steuert. Oft sind DEG und DUSTA räumlich nicht voneinander getrennt, sondern in einem gemeinsamen Gehäuse untergebracht. Einige einfach aufgebaute Gerätetypen (z. B. Fernschreiber) sind auch ohne DUSTA betriebsfähig.

Bild 3.1. Aufbau einer DEE in der Außenstelle (AST)

3.2. Datenübertragungsweg

Dem Datenübertragungsweg wird die Übertragungsstrecke (Leitung) und der beidseitige Leitungsabschluß, die Datenübertragungseinrichtung (DÜE), zugerechnet.

3.2.1. Datenübertragungseinrichtungen

Diese sind in jedem DÜ-System als beidseitiger Leitungsabschluß vorhanden. Sie dienen der Anpassung der Datenübertragungsanlagen an die Fernleitung und sind somit Bindeglied zwischen Fernleitung und DEE (Bild 3.2).

Bild 3.2. Leitungsabschluß mittels DÜE

Die DEE arbeitet mit Signalformen, die nicht unmittelbar zur Übertragung auf Fernleitungen geeignet sind. Es ist nun Aufgabe der DÜE, die Umformung der steuerungsspezifischen Signale in leitungsspezifische vorzunehmen, das heißt, die DÜE paßt die Fernleitung an die DEE an.

Die äußere Form einiger DÜE zeigt Bild 3.3.

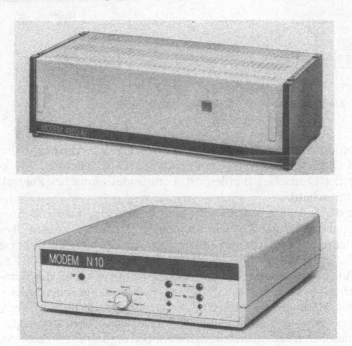

Bild 3.3. Äußere Form einiger DÜE

3.2.2. Datenübertragungsleitungen

Die Datenübertragungsleitung verbindet die Außenstellen mit dem Rechenzentrum und die Außenstellen (AST) untereinander.
In den meisten Ländern ist das Einrichten von Fernmeldewegen über Grundstücksgrenzen hinweg das Recht einer staatlichen Fernmeldeverwaltung, in Deutschland der Deutschen Bundespost. Die Datenübertragungswege werden in der Regel von dieser öffentlichen Fernmeldeverwaltung bereitgestellt. Der Hoheitsbereich der Fernmeldeverwaltung reicht von Schnittstelle zu Schnittstelle — die als Steckverbindung ausgeführt ist — und umfaßt somit nicht nur die Datennetze, sondern auch die DÜE (Bild 3.4).
Bei allen von der Fernmeldeverwaltung zur Verfügung gestellten Stromwegen ist die Fernmeldeordnung zu beachten. Die Deutsche

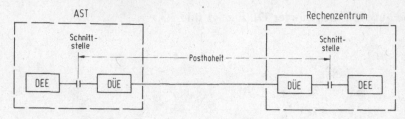

Bild 3.4. Zuständigkeitsbereich der Fernmeldeverwaltung

Bundespost hat die entsprechenden technischen Vorschriften in den „Datel-Dienst"-Broschüren veröffentlicht (Datel-Dienste, Merkblätter der Deutschen Bundespost, Fernmeldetechnisches Zentralamt, Darmstadt).

Geräte der Lokalperipherie — das sind Geräte, die innerhalb einer DVA unmittelbar am Rechner angeschlossen sind — werden über ein vieladriges Standardanschlußkabel mit der ZE verbunden. Diese Anschlußart ist für die über größere Entfernungen führende DÜ zu aufwendig. Aus diesem Grunde kommen beim Anschluß der Fernperipherie — das sind die DEG — aus Kostengründen adernsparende Methoden zum Einsatz. So werden für die DÜ auf Fernleitungen zwei, in bestimmten Fällen auch vier Adern verwendet. Es ist nun bereits zu erkennen, daß die Übertragung eines Zeichens, von wenigen Ausnahmefällen abgesehen, auf der Fernleitung bitseriell vorgenommen wird (Bild 3.5). Das heißt, die Bits eines Zeichens werden nacheinander — Bit für Bit — ausgesendet.

Eine 4-Draht-Leitung ist zwar teurer als eine 2-Draht-Verbindung, erspart jedoch die im 2-Draht-Betrieb notwendige Richtungsumschaltung zwischen Empfang und Senden. Damit kann auch die Umschaltzeit (bis zu 200 ms) eingespart werden. Bei 4-Draht-Leitungen ist jeder der beiden Informationsrichtungen (Senderichtung, Empfangsrichtung) ein Adernpaar zugeordnet. Welche Art der Anschaltung zu wählen ist, hängt weitgehend vom anzuschaltenden DEG ab.

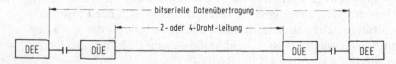

Bild 3.5. Bitserielle DÜ von DEE zu DEE mit 2- oder 4-Draht-Fernleitung zwischen den DÜE

Die Zeichen werden also auf der Fernleitung meist bitseriell übertragen. Da aber die ZE bzw. die Steuerung eines DEG intern nur zeichenweise (bitparallel) arbeitet, besitzt die DEE eine Parallel-Seriell-Umsetzung. Die Wirkungsweise dieser Umsetzeinrichtung soll anhand eines Übertragungsablaufes aufgezeigt werden.

Die sendende Station bringt zunächst das zu übertragende Zeichen bitparallel in ein Schieberegister (Bild 3.6, Strecke A→B). Ein Schieberegister ist eine Einrichtung, die ein Zeichen sowohl bitparallel — also alle Bits eines Zeichens zum selben Zeitpunkt — als auch bitseriell — ein Bit nach dem anderen — aufnehmen und abgeben kann. Anschließend wird dann bitseriell ausgeschoben, bis das letzte Bit des Zeichens das Schieberegister verlassen hat (Strecke B→C).

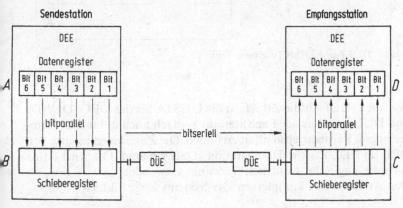

Bild 3.6. Parallel-Seriell-Umsetzung

Von der Empfangsstation werden die nun über die DÜE eintreffenden Bits in einem Register, dem Schieberegister, aufgesammelt, bis das Zeichen vollständig ist (Strecke B → C). Das komplette Zeichen wird dann wieder bitparallel in das Datenregister der Empfangsstation übernommen und weiterverarbeitet (Strecke C → D).

Zeichen können, in Abhängigkeit von der verwendeten Hardware, mit unterschiedlicher Geschwindigkeit übertragen werden. Ein Zeichen stellt einen Buchstaben, eine Ziffer oder ein Sonderzeichen (Komma, Schrägstrich, Gleichheitszeichen usw.) dar und setzt sich aus mehreren Bits zusammen. Deshalb gibt die Übertragungsgeschwindigkeit die Anzahl der pro Sekunde maximal übertragbaren Bits an. Sie wird in Bit pro Sekunde (b/s) gemessen.

3.3. Datenendeinrichtungen des Rechenzentrums

Eine DEE kann im einfachsten Fall ein Fernschreiber, in einem anderen Fall auch eine DVA sein. Hier soll nun von DEE die Rede sein, bei denen eine Zentraleinheit (ZE) beteiligt ist.

Die DVA beinhaltet eine ZE, die jedoch von sich aus nicht in der Lage ist, die DÜ selbständig zu steuern. Aus diesem Grunde befindet sich zwischen der ZE und der DÜE eine Datenübertragungseinheit (DUET). DUET und ZE bilden zusammen die DEE (Bild 3.7).

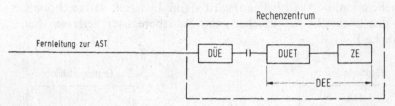

Bild 3.7. DUET und ZE als Teile einer DEE

Was die DUET für die ZE ist, ist die DUSTA für das DEG. DUSTA und DUET sind in der Fachliteratur vielfach auch unter dem Sammelbegriff Fernbetriebseinheit zu finden. Die Zusammenfassung von DEE und DÜE wird Datenstation (DSt) genannt. Oft wird dafür auch der englische Ausdruck Terminal verwendet.

Den Aufbau eines kompletten Dfv-Systems zeigt Bild 3.8.

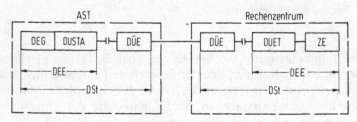

Bild 3.8. Aufbau eines Dfv-Systems im On-line-Betrieb

An die meisten DUET können mehrere AST angeschlossen werden; man nennt sie deshalb auch Mehrkanal-DUET (Bild 3.9). An die seltener anzutreffende Einkanal-DUET ist im Gegensatz dazu nur eine Leitung anschließbar.

Bild 3.9. Beispiel einer Mehrkanal-
DUET (Vorrechner)

3.3.1. Mehrkanal-Datenübertragungseinheiten

An eine Mehrkanal-DUET kann eine Vielzahl von Leitungen
(Außenstellen, AST) angeschlossen werden (Bild 3.10). Somit übernimmt die DUET neben der Übertragungssteuerung auch noch die
Aufgabe, mehreren Teilnehmern parallel den Zugang zur ZE zu
ermöglichen.
Eine Mehrkanal-DUET ist heute meistens ein „richtiger" Rechner,
der als Datenübertragungsvorrechner (kurz: Vorrechner) bezeichnet
wird, weil er dem eigentlichen Verarbeitungsrechner vorgeschaltet ist.

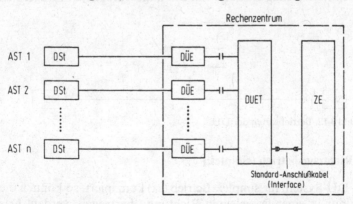

Bild 3.10. Bedienung mehrerer AST durch eine Mehrkanal-DUET

23

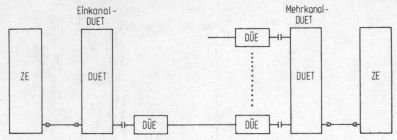

Bild 3.11. Beispiel einer DÜ zwischen ZE

3.3.2. Einkanal-Datenübertragungseinheiten

Sie sind besonders für den Datenaustausch zwischen zwei Rechnern, auch bei kleinen Anlagen, geeignet. An eine Einkanal-DUET ist nur eine einzige Leitung anschließbar (Bild 3.11).

3.4. Betriebsarten

Bei der Datenübertragung (DÜ) sind drei verschiedene Betriebsarten möglich (Bild 3.12):

der Richtungsbetrieb (simplex),
der Wechselbetrieb (halbduplex),
der Gegenbetrieb (vollduplex).

Welche dieser Betriebsarten für ein bestimmtes Übertragungssystem angewendet werden kann, hängt unter anderem sowohl von der verfügbaren Fernleitung als auch von den angeschlossenen Endgeräten ab.

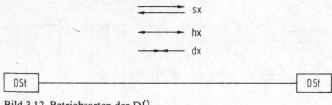

Bild 3.12. Betriebsarten der DÜ

3.4.1. Richtungsbetrieb (simplex)

Ist ein DÜ-System für simplex-Betrieb (sx) konzipiert, so können die Daten nur in einer festgelegten Richtung übertragen werden. Das heißt, es ist ausschließlich ein einseitiger Informationsfluß möglich.

3.4.2. Wechselbetrieb (halbduplex)

Beim halbduplex-Betrieb (hx) kann der Informationsfluß abwechselnd in beiden Richtungen fließen. Es ist sowohl Texteingabe als auch Textausgabe — zeitlich nacheinander — möglich. Der größte Teil aller DÜ-Systeme arbeitet im hx-Betrieb.

3.4.3. Gegenbetrieb (vollduplex)

Beim vollduplex-Betrieb (dx) können Daten gleichzeitig in beiden Richtungen übertragen werden. Diese Betriebsart hat in jüngster Zeit durch die Einführung neuer Dfv-Systeme an Bedeutung gewonnen.

Aufgaben zum Abschnitt 3
(Lösungen s. Seite 208)

Aufgabe 3.1
Die Zentrale einer Bank soll eine DVA erhalten, die kontoführende Stelle für zwei Filialen ist. Von der AST 1 werden nach Schalterschluß alle im Laufe des Tages vorgenommenen Buchungen durchgegeben, während die AST 2 jede einzelne Buchung sofort der Zentrale mitteilt. Für die beiden AST ist der prinzipielle Aufbau des dazu notwendigen DÜ-Systems unter Verwendung einer Mehrkanal-DUET zu entwerfen.

Aufgabe 3.2
Bei einer DÜ sind in 3 Sekunden 3600 Bits übertragen worden. Wie groß ist die Übertragungsgeschwindigkeit?

Aufgabe 3.3
Wer ist bei der Texteingabe die textsendende Station? Die Antwort ist zu begründen!

Aufgabe 3.4
Welche Aufgabe hat die DUET?

Aufgabe 3.5
In welcher Reihenfolge durchläuft eine Information bei der Texteingabe die einzelnen Elemente des in Bild 3.8 gezeigten Dfv-Systems?

Aufgabe 3.6
Es gibt drei Betriebsarten. Wie heißen sie?

Aufgabe 3.7
Die nachstehenden Textlücken (punktierte Stellen) sind zu ergänzen: „Während Geräte der .... (externe Elemente der DVA) über vieladrige Standardanschlußkabel mit der ZE verbunden sind, muß man zum Anschluß der .... (DEG) aus Kostengründen adernsparende Methoden anwenden."

4

4.1. Codes

Von jeher bemühten sich die Menschen auch über große Entfernungen hinweg Informationen auszutauschen. Dazu setzten sie akustische oder optische Hilfsmittel wie Trommel-, Rauch- oder Flaggensignale ein. All diesen Signalen war eines gemeinsam: ihre Bedeutung mußte vorher zwischen den „Datenverarbeitern" abgesprochen sein. Auch heute, bei der Informationsübertragung und Verarbeitung auf elektrischem Wege ist die Bedeutung der einzelnen Bitkombinationen vereinbart und in Code-Tabellen niedergelegt.
Ein Code dient der Darstellung von Zeichen zur Übermittlung und Verarbeitung von Informationen.
Viele Rechner arbeiten im 8-Bit-EBCDI-Code (Extended Binary Coded Decimal Interchange Code). Zur Datenübertragung (DÜ)

27

werden aber auch noch andere Codearten, nämlich 5-Bit-, 6-Bit- und 7-Bit-Codes, verwendet. Welcher Code in einem speziellen Fall zweckmäßig ist, hängt von technischen und wirtschaftlichen Gesichtspunkten ab.

Technische Gesichtspunkte sind das verwendete Datenendgerät (DEG), die zur Verfügung stehende Übertragungsleitung und die im Code enthaltene Möglichkeit zur Erkennung von Übertragungsfehlern. Ein wirtschaftlicher Gesichtspunkt ist, daß der Code je Zeichen nicht mehr Bits umfassen soll, als zur Darstellung des Zeichenvorrates nötig sind. Der Ausdruck Zeichenvorrat ist ein Sammelbegriff für alle verwendbaren Zeichen.

Die Anzahl der Bits, die zur Darstellung eines Zeichens in einem bestimmten Code benötigt werden, nennt man Coderahmen. So umfaßt der Coderahmen beim 5-Bit-Code 5 Bits, beim 6-Bit-Code 6 Bits usw. Ein eventuell vorhandenes Paritätsbit (Parity-Bit) — das ist ein Bit, das dem Zeichen zu Kontrollzwecken hinzugefügt wird — zählt jedoch nicht zum Coderahmen (Bild 4.1).

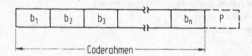

Bild 4.1. Coderahmen. $b_1 \ldots b_n$: Bits, die ein Zeichen darstellen und dem verwendeten Code entsprechen; P: eventuell vorhandenes Paritätsbit (Parity-Bit) zur Zeichenkontrolle

Zentraleinheiten (ZE) arbeiten zumeist mit einem anderen Code als dem, der zur Zeichenübertragung auf der Fernleitung bestimmt ist. Die Umsetzung des ZE-internen Codes in einen anderen Code wird in der Regel softwaremäßig durch ein DÜ-Programm vorgenommen.

Die einzelnen Codes beinhalten nicht nur die üblichen, abdruckbaren Zeichen, sondern auch noch eine Reihe, zur gegenseitigen betriebsmäßigen Verständigung zwischen den Datenstationen (DSt) notwendige Übertragungssteuerzeichen.

Die 5-Bit-, 6-Bit- und 7-Bit-Codes sind durch den jeweiligen Zeichenvorrat voll ausgelastet. Dies bedeutet, daß jede bei der Übertragung auftretende Bitverfälschung ein anderes Zeichen ergibt. Diese Codes bieten somit keine Möglichkeit, nur anhand der Bitanordnung einen Übertragungsfehler zu erkennen.

Anders liegt der Fall bei den 8-Bit-Codes, bei denen nicht alle 256 möglichen Kombinationen durch den Zeichenvorrat ausgeschöpft werden. Bei diesen höherwertigen Codes ist ein Übertragungsfehler unter Umständen bereits an der empfangenen, fehlerhaften Bitanordnung zu erkennen.

Die nicht zum Zeichenvorrat gehörenden und damit unbenützten Bitkombinationen eines Codes werden als Redundanz (Weitschweifigkeit) bezeichnet. Die Redundanz ist in diesem Falle die Differenz zwischen den vorhandenen und den verwendeten Bitkombinationen. Demzufolge sind die 8-Bit-Codes redundant, die 5-Bit-, 6-Bit- und 7-Bit-Codes nicht redundant.

Anschließend werden die gebräuchlichsten 5-Bit-, 6-Bit-, 7-Bit- und 8-Bit-Codes aufgeführt. Andere, seltener angewandte Codes sind im Anhang zu finden.

4.1.1. 5-Bit-Codes

Mit einem Coderahmen von 5 Bits sind $2^5 = 32$ Kombinationen möglich. 32 verschiedene Zeichen sind aber für die Buchstaben-, Ziffern- und Sonderzeichenübermittlung zu wenig. Daher wurde der 5er-Code doppelt belegt, das heißt, daß jede Kombination zwei Bedeutungen haben kann. Damit sind bei gleicher Kombinationsanzahl doppelt so viele Zeichen darstellbar.

Wenn aber eine Kombination zwei verschiedene Zeichen darstellen kann, so muß durch eine Zusatzinformation abgesichert werden, welches der beiden Zeichen durch diese Kombination dargestellt werden soll. Diese Zusatzinformation liefern zwei Umschaltzeichen, nämlich das Steuerzeichen „Buchstabenumschaltung" (A...) bzw. das Steuerzeichen „Ziffernumschaltung" (1...).

Ist das Steuerzeichen „Buchstabenumschaltung" gesendet worden, so werden von der Empfangsstation alle nachfolgenden Zeichen als Buchstaben interpretiert. Ist das Steuerzeichen „Ziffernumschaltung" gesendet worden, so werden alle nachfolgenden Zeichen als Ziffern oder Sonderzeichen interpretiert.

Die 5-Bit-Codes erlauben keine Unterscheidung zwischen Groß- und Kleinbuchstaben.

A. CCITT-Code Nr. 2 (Fernschreibcode)

Der gebräuchlichste 5-Bit-Code ist der vom Fernschreiben her bekannte Code CCITT Nr. 2 (CCITT: Comité Consultatif International Télégraphique et Téléphonique — ein internationaler Normen-

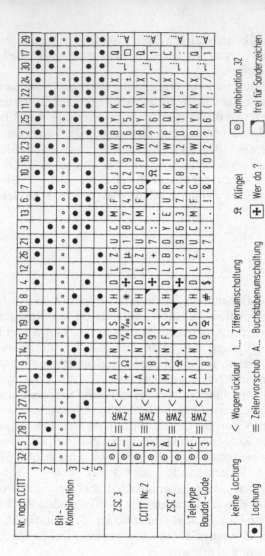

Bild 4.2. 5-Bit-Codes (doppelt belegt)

Bild 4.3.
Beispiel zur Darstellung
des Textes „CCITT-Code
Nr. 2" im Fernschreibcode.
Bu: Buchstabenumschaltung;
Zi: Ziffernumschaltung

ausschuß). Auch die Bezeichnung ITA Nr. 2 (internationales Telegrafen-Alphabet) ist gebräuchlich.
Die Gerätesteuerzeichen Buchstabenumschaltung (A...), Ziffernumschaltung (1...), Wagenrücklauf (<), Zeilenvorschub (≡), Zwischenraum (ZWR) und fünf mal „0" (⊖) sind nur einfach belegt, das heißt, sie haben auf der Ziffern- wie auf der Buchstabenseite die gleiche Bedeutung. Dieser Code ist nicht redundant.

B. Teletype-Baudot-Code

Der Teletype-Baudot-Code entspricht im wesentlichen dem CCITT-Code Nr. 2. Diese Codeart wird hauptsächlich in den USA angewandt.

C. Ziffernsicherungscode ZSC 2

Der Ziffernsicherungscode wurde geschaffen, um eine gewisse Übertragungskontrolle für Zahlen zu erreichen. So hat bei diesem 5er-Code jede Ziffer drei „1"-Bits und zwei „0"-Bits. Außerdem bestehen die Vorzeichen „+" und „−" aus Kombinationen mit je einem „1"-Bit und vier „0"-Bits. Damit kann eine einfache Bitverfälschung bei Zahlen und deren Vorzeichen erkannt werden.
Eine Bitverfälschung innerhalb eines Worttextes ist nicht so schwerwiegend, weil der Sinn eines Wortes auch dann noch zu erkennen ist, wenn sich ein falscher Buchstabe innerhalb des Wortes befindet.

D. Ziffernsicherungscode ZSC 3

Dieser Code entspricht im wesentlichen dem Ziffernsicherungscode ZSC 2, hat jedoch keine Prüfmöglichkeit für die Vorzeichen.
Eine Übersicht der doppelt belegten 5-Bit-Codes zeigt Bild 4.2, ein Beispiel für eine Textdarstellung im CCITT-Code Nr. 2 Bild 4.3.

4.1.2. 6-Bit-Codes

Es gibt mehrere 6-Bit-Codes, wobei der 6-Bit-Transcode der gebräuchlichste ist. Andere, hier nicht aufgeführte 6-Bit-Codes sind auf Seite 196 zusammengestellt.

31

Alle 6-Bit-Codes sind nicht redundant. Es gibt einfach und doppelt belegte 6-Bit-Codes.

Der 6-Bit-Transcode ist einfach belegt und umfaßt $2^6 = 64$ verschiedene Zeichen. Davon sind 17 Bitkombinationen für Übertragungs- und Gerätesteuerzeichen vorgesehen (Bild 4.4).

Bitpositionen		0	0	1	1
6 5 4 3 2 1		0	1	0	1
0 0 0 0		SOH	&	-	0
0 0 0 1		A	J	/	1
0 0 1 0		B	K	S	2
0 0 1 1		C	L	T	3
0 1 0 0		D	M	U	4
0 1 0 1		E	N	V	5
0 1 1 0		F	O	W	6
0 1 1 1		G	P	X	7
1 0 0 0		H	Q	Y	8
1 0 0 1		I	R	Z	9
1 0 1 0		STX	SPACE	ESC	SYN
1 0 1 1		.	$	,	#
1 1 0 0		<	*	%	@
1 1 0 1		BEL	US	ENQ	NAK
1 1 1 0		SUB	EOT	ETX	EM
1 1 1 1		ETB	DLE	HT	DEL

Bild 4.4. 6-Bit-Transcode

4.1.3. 7-Bit-Codes

Der 7-Bit-Coderahmen ermöglicht $2^7 = 128$ verschiedene Bitkombinationen. Da alle 128 Möglichkeiten in Einfachbelegung ausgeschöpft werden, gibt es auch hier keine Redundanz.

Die 7-Bit-Codes unterscheiden sich nur geringfügig voneinander. Sie haben lediglich bei den mit * gekennzeichneten Bitkombinationen voneinander abweichende Zeichen. Diese mit * markierten Stellen sind landesspezifischen Buchstaben und Sonderzeichen vorbehalten.

Bei der DÜ sind die 7-Bit-Codes die am häufigsten angewandten Codes.

Der von der International Organization for Standardization (ISO) — ein mehrere Länder umfassendes Normengremium — festgelegte ISO-7-Bit-Code wurde auch vom CCITT als CCITT-Code Nr. 5 übernommen (Bild 4.5).

Weitere 7-Bit-Codes sind auf Seite 197 zu finden.

Bitpositionen

b7 b6 b5 →	000	001	010	011	100	101	110	111
b4 b3 b2 b1								
0000	NUL	(TC$_7$)DLE	SP	0	@ *	P	*	p
0001	(TC$_1$)SOH	DC1	!	1	A	Q	a	q
0010	(TC$_2$)STX	DC2	" *	2	B	R	b	r
0011	(TC$_3$)ETX	DC3	£ *	3	C	S	c	s
0100	(TC$_4$)EOT	DC4	$ *	4	D	T	d	t
0101	(TC$_5$)ENQ	(TC$_8$)NAK	%	5	E	U	e	u
0110	(TC$_6$)ACK	(TC$_9$)SYN	&	6	F	V	f	v
0111	BEL	(TC$_{10}$)ETB	' *	7	G	W	g	w
1000	FE$_0$(BS)	CAN	(	8	H	X	h	x
1001	FE$_1$(HT)	EM	)	9	I	Y	i	y
1010	FE$_2$(LF)	SUB	*	: *	J	Z	j	z
1011	FE$_3$(VT)	ESC	+	; *	K	([) *	k	*
1100	FE$_4$(FF)	IS$_4$ (FS)	,	<	L	*	l	*
1101	FE$_5$(CR)	IS$_3$ (GS)	-	=	M	(}) *	m	*
1110	SO	IS$_2$ (RS)	.	>	N	^ *	n	- *
1111	SI	IS$_1$ (US)	/	?	O	_	o	DEL

Bild 4.5. ISO-7-Bit-Code (CCITT-Code Nr. 5)

4.1.4. 8-Bit-Codes

Dieser Coderahmen ermöglicht $2^8 = 256$ verschiedene Bitkombinationen, die jedoch nicht alle ausgenützt werden. 8-Bit-Codes sind somit redundant.

Der EBCDI-Code (Extended Binary Coded Decimal Interchange Code) ist der am weitesten verbreitete 8-Bit-Code (Bild 4.6), die Rechner fast aller namhaften Hersteller arbeiten damit.

Er ist aufgrund seines Aufbaus besonders für die rechnerinterne Verarbeitung geeignet. Für die Datenübertragung wird er selten benutzt, weil wegen der Redundanz mehr Bits übertragen werden müssen als eigentlich notwendig.

4.2. Datenübertragungsweg

Ein DÜ-Weg ist durch drei Merkmale gekennzeichnet:

die Leitungsart,
die Verbindungsart,
die Netzkonfiguration (Netzgestaltung).

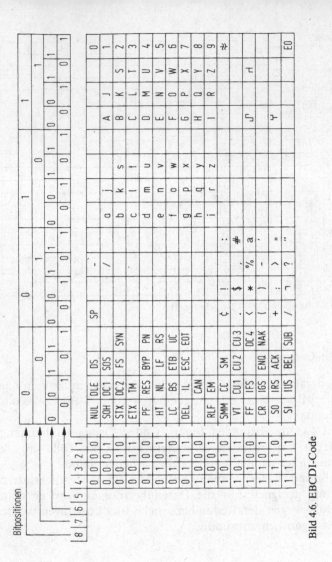

Bild 4.6. EBCDI-Code

4.2.1. Leitungsarten

Der DÜ stehen folgende Leitungsarten (Bild 4.7) zur Verfügung:

a) die Telegrafieleitung bei niedrigen Übertragungsgeschwindigkeiten (bis zu 200 bit/s);

b) die Fernsprechleitung für mittlere Übertragungsgeschwindigkeiten (von 200 bis 9 600 bit/s);

34

c) die galvanisch durchgeschaltete Leitung für überwiegend niedrige und mittlere Übertragungsgeschwindigkeiten (bis 19200 bit/s); eine galvanisch durchgeschaltete Leitung ist eine direkte Drahtverbindung von DSt zu DSt ohne zwischengeschaltete Koppelglieder und Richtfunkstrecken;

d) die Breitbandleitung bei hohen Übertragungsgeschwindigkeiten (z. Z. von 4800 bis 1000000 bit/s).

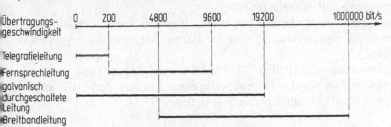

Bild 4.7. Leitungsart und Übertragungsgeschwindigkeit

Die Wahl der Leitung und damit der Übertragungsgeschwindigkeit wird von verschiedenen Einflußgrößen bestimmt, so z. B. Menge der zu übertragenen Daten, Übertragungssicherheit des Leitungsweges, Gebührenpolitik der Fernmeldeverwaltung u. ä.

4.2.2. Verbindungsarten

Zur Verbindung von DSt gibt es zwei unterschiedliche Verbindungsarten: die Festverbindung und die Wählverbindung. Bei der Festverbindung (bekannter unter der alten Bezeichnung Standverbindung) sind die Übertragungsleitungen fest geschaltet, bei der Wählverbindung führen sie über Vermittlungsstellen. Welche der genannten Verbindungsarten zu wählen ist, hängt von den an die DÜ gestellten organisatorischen und wirtschaftlichen Anforderungen ab.

A. Festverbindung

Die Festverbindung ist eine festgeschaltete Leitung zur Verbindung zweier DSt (Bild 4.8). Der Vorteil der Festverbindung liegt darin, daß sie dem Benutzer immer zur Verfügung steht, d. h., daß der Datenaustausch zwischen den DSt jederzeit aufgenommen werden kann. Die Festverbindung hat in der Regel eine höhere Übertragungsgüte als eine Wählverbindung.

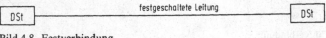

Bild 4.8. Festverbindung

Ein Anwendungsgebiet für Festverbindungen ist immer dann gegeben, wenn eine sofortige Kommunikation, z. B. bei Dialogstationen, zwischen Außenstelle (AST) und Datenverarbeitungsanlage (DVA) erforderlich ist.

Praktische Anwendungsbeispiele sind Platzbuchungsanlagen bei Reiseunternehmen, der Bahn oder bei Fluggesellschaften. Eine wirtschaftliche Anwendung findet die Festverbindung dort, wo diese Verbindung voll ausgelastet ist.

Liegen die zu verbindenden DSt nicht innerhalb eines Grundstückes, so muß die Festverbindung von der Fernmeldeverwaltung gemietet werden.

An die Stelle der früher üblichen Mietleitungen (überlassenen Stromwege) ist für die Datenübertragung das von der DBP angebotene öffentliche Direktrufnetz getreten.

B. Wählverbindung

Im Gegensatz zur festen Verbindung sind bei einer Wählverbindung die entsprechenden DSt nicht dauernd verbunden. Sind Informationen zwischen DSt auszutauschen, so muß erst eine Verbindung zur Gegenstation hergestellt werden, die dann nach der Übertragung wieder getrennt wird.

Das Anwählen der Gegenstelle erfolgt in der vom normalen Fernsprechverkehr her bekannten Art und Weise durch Aussenden von Wählimpulsen. Die Wählimpulse können manuell mit Hilfe einer Wählscheibe (Nummernschalter) oder softwaremäßig (per Programm) erzeugt werden. Als Durchschaltelemente dienen Wähler, Relais oder elektronische Koppelglieder, die in der Vermittlungsstelle (VSt) installiert sind (Bild 4.9).

Ein Vorteil der Wählverbindung liegt darin, daß die Übertragungsleitung nur während der effektiven Übertragung belegt ist und damit auch nur für diese Zeit die Leitungsgebühren — neben einer Grundgebühr — von der Fernmeldeverwaltung berechnet werden.

Ein weiterer Vorteil, der immer stärker wiegt, besteht darin, daß von einer Datenstation aus nacheinander Verbindungen zu vielen DVA hergestellt werden können. Nachteilig bei einer Wählver-

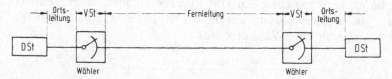

Bild 4.9. Wählverbindung

bindung mit mech. Koppelgliedern ist die gegenüber der Festverbindung größere Störanfälligkeit als Folge der sich im Leitungszug befindlichen Durchschaltkontakte (Wähler, Relais). Dieser Aspekt verliert jedoch zunehmend an Bedeutung, da auch hier die Elektronik die Mechanik verdrängt.

Beim Vergleich beider Verbindungsarten darf auch die Möglichkeit nicht außer acht gelassen werden, daß die angewählte Gegenstation gerade belegt sein kann oder das Fernmeldenetz wegen momentaner Überlastung keine Verbindung erlaubt. Daraus ergibt sich, daß die Wählverbindung für Fernverarbeitungssysteme, die eine Sofortantwort erfordern, nicht geeignet ist.

Die Frage, wann eine Festverbindung gegenüber einer Wählverbindung wirtschaftlicher ist, hängt von der durchschnittlichen Leitungsausnutzung ab und kann mit Hilfe der amtlichen Gebührenordnung ermittelt werden.

4.2.3. Netzkonfiguration (Netzgestaltung)

Zur Netzgestaltung gibt es vier unterschiedliche Möglichkeiten:
 die Punkt-zu-Punkt-Verbindung,
 die Mehrpunkt-Verbindung,
 die Konzentrator-Verbindung,
 den Datenstationsrechner.

A. Punkt-zu-Punkt-Verbindung (Einzelverbindung)

Von einer Einzelverbindung wird dann gesprochen, wenn zwei DSt durch eine Übertragungsleitung miteinander verbunden sind. Dabei stellen die beiden DSt die zu verbindenden Punkte dar (Punkt-zu-Punkt-Verbindung). Die Punkt-zu-Punkt-Verbindung hat den Vorteil, daß jede DSt unabhängig von einer anderen mit der Gegenstelle in Verbindung treten kann.

Alle bisher in diesem Buch gezeigten Verbindungsarten waren Einzelverbindungen. Eine Einzelverbindung ist sowohl mit einer Standleitung als auch im Wählnetz realisierbar (Bild 4.10).

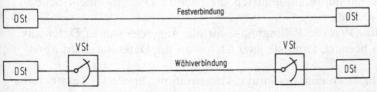

Bild 4.10. Punkt-zu-Punkt-Verbindungen

37

B. Mehrpunktverbindungen (Gruppenverbindung)

Bei der Gruppenverbindung (englisch: „party-line") sind an einer Übertragungsleitung gleichzeitig mehr als zwei DSt angeschlossen (die DVA als DSt mitgerechnet). Da bei dieser Verbindungsart zu einem bestimmten Zeitpunkt nur eine DSt senden bzw. empfangen kann, alle anderen aber währenddessen gesperrt sind, ist es Aufgabe der DVA, den Übertragungsablauf zu steuern und zu koordinieren. An einem Mehrpunktsystem ist also stets eine DVA beteiligt. Die den Datentransfer steuernde und koordinierende Station (DVA) wird Leitstation (control station) genannt, weil die Initiative zur DÜ nur von ihr ausgehen kann.

Ein Mehrpunkt-Übertragungssystem besteht aus einer Leitstation und zwei oder mehr Trabantenstationen (tributary station). Trabantenstation ist mit Ausnahme der Leitstation jede an einer Mehrpunktverbindung angeschlossene DSt (Bild 4.11).

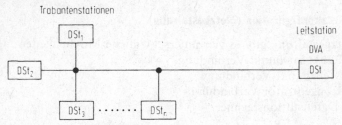

Bild 4.11. Mehrpunktverbindung

Die DVA schickt zeitlich nacheinander an die einzelnen an der Mehrpunktverbindung angeschlossenen DSt einen Sendeabruf (Sendeaufforderung, englisch: polling, Bild 4.12). Mit diesem Sendeabruf wird eine DSt nach der anderen abgefragt, ob sie Text senden will. Hat ein aufgefordertes Terminal Text abzugeben, so geht es in den Sendezustand und überträgt den bereitstehenden Text zur Leitstation (DVA). Hält das durch den Sendeabruf adressierte Terminal keinen Text bereit, so teilt es dies der Leitstelle mit, welche daraufhin automatisch die nächste DSt mit einem Sendeabruf abfragt.

Hat die DVA die Pollingphase für alle angeschlossenen Datenstationen beendet, kann sie jetzt Daten an die Datenstationen absetzen.

Sie schickt an eine bestimmte Datenstation, für die sie Text bereit hat, einen Empfangsaufruf (Empfangsaufforderung, englisch: selec-

38

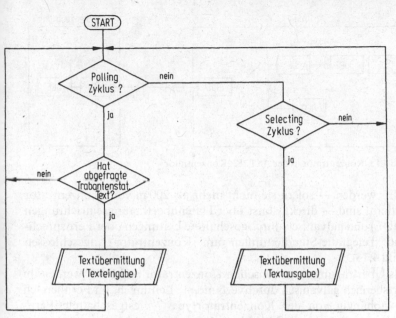

Bild 4.12. Vereinfachtes Ablaufprinzip für Mehrpunktverbindungen

ting) mit der Adresse des entsprechenden Terminals und überträgt dann den bereitstehenden Text. Auf diese Weise selektiert die DVA zeitlich nacheinander die Datenstationen, für die Text bereit steht.

Nach Abschluß der Selectingphase beginnt die DVA wieder mit der Pollingphase.

Hält die DVA für die angeschlossenen Stationen keine Daten bereit, läuft zyklisch in aufsteigender Adressierung die Pollingphase solange ab, bis wieder Daten für eine Selectingphase bereitstehen.

Mehrpunkt-Übertragungssysteme können nur mit Festverbindungen und Schnittstellenvervielfachern gebildet werden.

C. Konzentratorverbindung

Eine Leistungssteigerung gegenüber dem Schnittstellenvervielfacher bringt der Konzentrator. Er erlaubt den Anschluß vieler Terminals an die DVA auch über mehrere Leitungen. Außerdem übernimmt er verschiedene Steuerfunktionen der Leitstation (z.B. das Abfragen der einzelnen DSt).

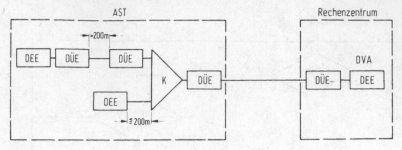

Bild 4.13. Konzentrator in der AST. K: Konzentrator

DEE werden — sofern sie nicht mehr als 200 m vom Konzentrator entfernt sind — direkt, sonst über Datenübertragungseinrichtungen (DÜE) und galvanisch durchgeschaltete Leitungen oder Fernsprech- und Telegrafie-Standleitungen am Konzentrator angeschlossen (Bild 4.13).

Als Übertragungswege zwischen Konzentrator und DVA werden im Ortsbereich galvanisch durchverbundene Leitungen, im Fernbereich — abhängig von der Konzentratortype — festgeschaltete Fernsprech- oder Telegrafie-Verbindungen verwendet. Konzentratornetze werden also grundsätzlich mit Festverbindungen aufgebaut.

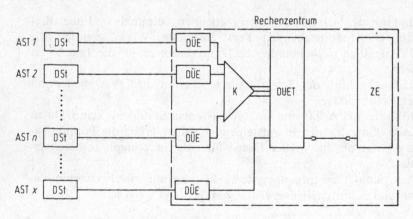

Bild 4.14. Konzentrator im Rechenzentrum

Sehr oft werden Konzentratoren auch DVA-seitig zur Leitungszusammenfassung eingesetzt (Bild 4.14). Der Anschluß von DSt, die mit unterschiedlichem Code und unterschiedlicher Übertragungsgeschwindigkeit arbeiten, ist möglich.

Einen geöffneten Konzentratorschrank zeigt Bild 4.15.

40

Bild 4.15.
Geöffneter Konzentratorschrank

D. Datenstationsrechner

Der Datenstationsrechner (intelligenter Konzentrator) setzt sich als Ersatz für den Konzentrator immer mehr durch. Unter einem Datenstationsrechner (DSR) versteht man eine Mehrkanal-DUET, die nicht direkt an der ZE angeschlossen wird, sondern über eine DÜ-Leitung einer weiteren DUET vorgeschaltet ist (Bild 4.16).

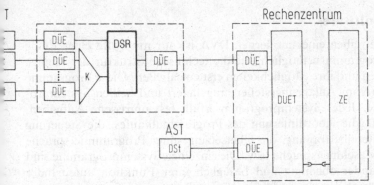

Bild 4.16. Programmierbarer Netzknoten als Netzverzweiger

Der Vorteil des DSR liegt vor allem darin, daß an ihm sämtliche Anschlußarten — wie unter A, B und C beschrieben — verwendet werden können. Die Daten von den verschiedenen am DSR angeschlossenen AST werden im DSR gesammelt und dann zum Rechenzentrum gesendet. Umgekehrt schickt das Rechenzentrum für diese Außenstellen anfallende Daten zum DSR, der sie auf die entsprechenden Leitungen verteilt. Um die dadurch zwischen DSR und Rechenzentrum auszutauschende große Datenmenge bewältigen zu können, wird zwischen diesen beiden Stellen im Vollduplex-Betrieb und mit hoher Übertragungsgeschwindigkeit gearbeitet.

Der Datenstationsrechner ist meist frei programmierbar und kann oft mit eigenen peripheren Geräten, z. B. Plattenspeicher, ausgestattet werden. Damit eröffnet sich die Möglichkeit, einen Teil der Verarbeitungsleistung in der AST oder deren Nähe zu erbringen und so nicht nur den Umfang der Datenübertragung zu reduzieren und den Verarbeitungsrechner (VAR) im RZ zu entlasten, sondern auch durch eine gewisse Selbständigkeit Sicherheit bei Leitungsausfall zu erreichen.

Ein Beispiel: Eine Bank hat eine Zentrale und eine Vielzahl Filialen in den Orten der näheren und weiteren Umgebung. In jeder Filiale steht ein DSR mit mehreren angeschlossenen Terminals. Über Wählleitungen können die DSR bei Bedarf mit dem VAR in der Zentrale verbunden werden. Alle Vorgänge, die den Bereich einer Filiale nicht verlassen, wie z. B. Einzahlungen auf ein Sparkonto oder Überweisungen auf ein anderes Konto bei der gleichen Filiale, werden vom DSR vollständig bearbeitet; die Hilfe der Zentrale nimmt er nur in Anspruch, wenn z. B. ein Konto bei einem anderen Geldinstitut betroffen ist.

4.3. Software

Das Betreiben einer modernen DVA ist nur mit Hilfe einer Reihe von Programmen möglich, die die technische Struktur der Anlage ergänzen und ihre Möglichkeiten erst erschließen. Diese Programme werden vom Anlagenhersteller mitgeliefert und heißen Systemprogramme. Jedes Systemprogramm erfüllt fest umrissene Aufgaben, wie z. B. die Koordinierung des Programmablaufes, die Steuerung der Datenübertragung, die Übersetzung einer Programmiersprache in die Maschinensprache usw. Die einzelnen Systemprogramme sind voneinander abhängig und bezüglich ihrer Funktion aufeinander abgestimmt. Eine zusammengehörige Gruppe von Systemprogrammen bildet ein Betriebssystem.

Für ein Anlagenmodell gibt es oft mehrere Betriebssysteme, die sich unter anderem durch Bedienungskomfort und Leistungsfähigkeit unterscheiden. In der Konzeption des Aufbaues sind die verschiedenen Betriebssysteme aber gleich.

Neben einem allgemein gültigen Betriebssystem wird die Software durch mehrere, auf die unterschiedlichen Bedürfnisse der Anwender zugeschnittene Anwendungsprogramme vervollständigt. Diese Anwendungsprogramme führen die gewünschte Verarbeitung der Daten durch. Im Gegensatz zu den universellen Systemprogrammen sind Anwendungsprogramme jeweils für ganz bestimmte Aufgabenstellungen geschrieben (z. B. Gehaltsabrechnung, Platzbuchung, Lagerhaltung). Es können dabei viele Anwendungsprogramme simultan, das heißt zeitlich verschachtelt, ablaufen.

4.3.1. Betriebssystem

Ein Betriebssystem läßt sich in vier große Programmgruppen unterteilen (Bild 4.17):

   das Organisationsprogramm,
   die Übersetzerprogramme,
   die Dienstprogramme,
   das Datenfernverarbeitungssystem.

Das Organisationsprogramm ist für die Steuerung des gesamten Systems verantwortlich. Dazu gehört die Steuerung der Programmfolgen, des Simultanablaufes mehrerer Programme, sowie der Datenaustausch mit den Ein/Ausgabegeräten.

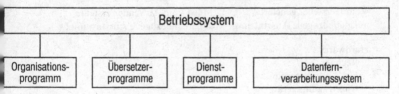

Bild 4.17. Aufbau eines Betriebssystems

Übersetzerprogramme dienen der Umsetzung von in einer Programmiersprache (Assembler, Algol, Cobol, Fortran usw.) geschriebenen Programme in eine der ZE verständliche Form, der Maschinensprache.

Dienstprogramme sind Hilfsmittel für den Betrieb einer DVA. Es lassen sich mit ihnen viele Aufgaben ganz oder teilweise mit stark reduziertem Programmieraufwand lösen. So unterstützen Dienstprogramme unter anderem das Arbeiten mit den peripheren Geräten, z.B. das Duplizieren von Magnetbändern und dergleichen.

Das Datenfernverarbeitungssystem ist ein in sich abgeschlossener Programmkomplex für die organisatorische Abwicklung der Datenfernverarbeitung und steuert den Verkehr zwischen den Datenstationen und den Anwendungsprogrammen im Verarbeitungsrechner.

4.3.2. Anwendungsprogramme

Im Gegensatz zu den vom Anlagenhersteller mitgelieferten Systemprogrammen bezeichnet man die ausschließlich auf ein Problem zugeschnitenen Programme als Anwendungsprogramme (auch: Benutzerprogramme). Sie sind nur in Zusammenarbeit mit dem Betriebssystem ablauffähig. Ein Benutzerprogramm wird meist vom Anwender selbst erstellt, kann aber auch ganz oder teilweise vom Anlagenhersteller geliefert werden. Es unterscheidet sich vom Betriebssystem vor allem dadurch, daß es nur zur Bearbeitung einer einzigen Aufgabenstellung (z.B. Gehaltsabrechnung, Platzbuchung, Lagerhaltung) geeignet ist.

Eine Übersicht über die vom Hersteller gelieferte und vom Anwender zu erstellende Ausstattung gibt Tabelle 4.1.

Tabelle 4.1. Ausstattungen einer DVA

Vom Hersteller gelieferte anlagenbezogene Ausstattung	Meist vom Anwender erstellte aufgabenbezogene Ausstattung

Hardware
  Rechner
  Ein/Ausgabegeräte
  Übertragungsgeräte	

Systemsoftware
  Betriebssysteme
	Anwendersoftware
	  Benutzerprogramme

4.4. Betriebsformen der Datenfernverarbeitung

Es sind drei wesentliche Organisationsformen des Dfv-Betriebs zu unterscheiden:

der (Fern-) Stapelbetrieb,
der Teilnehmerbetrieb,
der Teilhaberbetrieb.

4.4.1. Stapelbetrieb

Der Stapelbetrieb ist die klassische Betriebsform, bei der zunächst alle anfallenden Daten gesammelt (z. B. Lochkartenstapel!) und dann in einem Zuge verarbeitet werden. Im Ablauf sind drei deutlich getrennte Phasen zu unterscheiden:

– Eingabe aller für ein Anwendungsprogramm benötigten Daten,
– Verarbeitung dieser Daten,
– Ausgabe der Verarbeitungsergebnisse.

Zwischen den einzelnen Phasen werden die Daten in der DVA jeweils zwischengespeichert (SPOOL-Dateien), so daß der direkte zeitliche Zusammenhang zwischen Eingabe und Ergebnisausgabe verloren geht. Der Stapelbetrieb wird bei zeitunkritischen Massendaten angewandt.

4.4.2. Teilnehmerbetrieb

Im Teilnehmerbetrieb sind viele gleichberechtigte Anwender, die ganz unterschiedliche Aufgaben bearbeiten können, über Fernleitungen mit der DVA verbunden. Die Teilnehmer eines solchen Systems brauchen sich nicht zu kennen und gegenseitig keine Rücksicht zu nehmen. Es ist somit ein Datenverarbeitungssystem, das einen simultanen Zugriff zur DVA für viele Anwender von entfernten Stationen zu verschiedenen Zwecken gestattet.

Jeder im Teilnehmer-Rechensystem integrierte Anwender kann von seinem Datenendplatz aus im Dialog seine Benutzerprogramme erstellen, testen oder ändern und selbstverständlich auch ablaufen lassen.

Die Vielzahl von unterschiedlichen Aufgaben, die im Teilnehmerbetrieb zu bearbeiten ist (Bild 4.18), erfordert auch eine Vielzahl von Benutzerprogrammen. Der Ablauf der einzelnen Benutzerprogramme erfolgt dabei zeitlich verschachtelt. Durch diese zeitliche Verzahnung können mit derselben DVA viele Teilnehmer unabhängig voneinander arbeiten, wobei jeder Teilnehmer den Eindruck hat, allein über den Rechner zu verfügen. In Wirklichkeit geht die

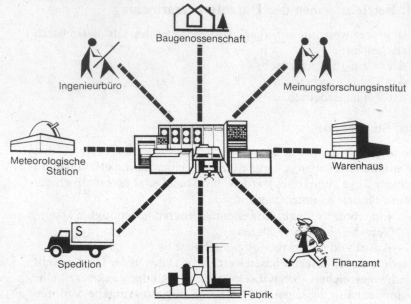

Bild 4.18. Teilnehmerbetrieb (Time-Sharing-System)

ZE in rascher Folge von Teilnehmer zu Teilnehmer über, so daß jedem Benutzer ein bestimmter Zeitanteil zufällt. Die Gesamtzeit wird somit in Zeitscheiben aufgeteilt und zyklisch den einzelnen Benutzern zugewiesen.

Da jeder Benutzer zyklisch einen solchen „Zeit-Anteil" erhält, wird für dieses Verfahren die englische Namensgebung „Time-Sharing-System" mitverwendet (Time-Sharing = Zeit-Anteil).

Beim Teilnehmer-Rechensystem wird jedem Benutzerprogramm, wenn es zum Zuge kommt, eine maximale Ablaufzeit von ca. 0,1 bis 1 s zugestanden. Verstreicht diese Zeit, ohne daß das Benutzerprogramm beendet worden ist, so erfolgt die Einordnung dieses Teilnehmers in eine Warteschlange, in der er bis zum nächsten Aufruf verbleibt.

Bei steigender Systembelastung werden die Warteschlangen länger, wodurch sich die Wartezeiten erhöhen. Höhere Wartezeiten führen wiederum zu längeren Antwortzeiten, die für den Benutzer aber kaum spürbar werden. Unter Antwortzeit versteht man die Zeit, die am Terminal vom Zeitpunkt des Aussendens der Nachricht bis zum Eintreffen der Antwort vergeht. Die Antwortzeit beinhaltet die Übertragungszeiten für Hin- und Rückübertragung, die Wartezeit in der Warteschlange und die Verarbeitungszeit.

Time-Sharing-System ist sowohl Dialogbetrieb als auch Stapel-
rieb möglich. Zur gleichmäßigen Auslastung der DVA werden
pelverarbeitungen aber meist in die betriebsarme Zeit verlegt und
„Hintergrund" — unabhängig vom Dialogbetrieb — gefahren
ld 4.19). Hintergrundprogramme sind Programme mit niedriger
orität.

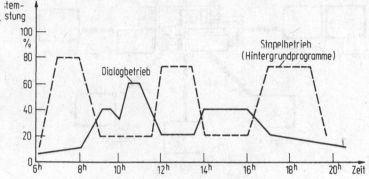

4.19. Systembelastung in Abhängigkeit von der Tageszeit

s für die Wirtschaftlichkeit solcher Dfv-Systeme spricht, ist
erseits die große Anzahl der Teilnehmer, die eine gute Ausla-
ng des Rechners garantieren, andererseits der Umstand, daß
e Großanlage dem einzelnen Teilnehmer mehr Möglichkeiten
et als eine Kleinanlage.

2. Teilhaberbetrieb

Teilhaberbetrieb hat gewisse Ähnlichkeit mit dem Teilnehmer-
ieb. Im Gegensatz zu diesem benutzen alle Anwender zur Lösung
r Aufgaben dasselbe Programmpaket.
ische Beispiele sind u. a. der Einsatz bei einer Bank mit ihren
alen (Bild 4.20), einem Auskunftssystem für Krankenhäuser, bei
Verkehrsregelung und dergleichen.
den meisten Einsatzfällen braucht die AST eine möglichst
nelle Antwort von der zentralen DVA. Es sind üblicherweise
lich begrenzte Antwortzeiten festgelegt. In diesem Falle ist in
   Fachliteratur auch von einem „Real-Time-System", einem
lzeit-System oder einem „Echt-Zeit-System" die Rede.

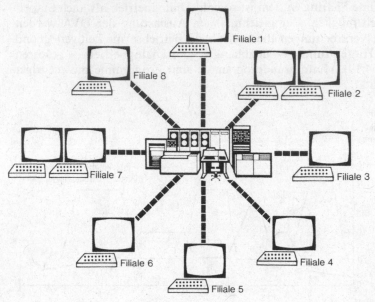

Bild 4.20. Teilhaber-System

Der Teilhaberbetrieb wird auch als Transaktionsbetrieb bezeichnet. (Eine Transaktion ist ein aus mehreren Dialogschritten bestehender abgeschlossener Vorgang, der mit der ersten Eingabe einer Nachricht beginnt und mit der letzten Ausgabe endet. Wichtig ist der logische Zusammenhang der Teilschritte sowie der bewegten und verarbeiteten Daten.)
Tabelle 4.2 zeigt die Unterschiede zwischen den drei Betriebsformen.

Tabelle 4.2. Gegenüberstellung der Fernverarbeitungssysteme

Stapelbetrieb	Teilnehmerbetrieb	Teilhaberbetrieb
Fernstapelstationen arbeiten zusammen mit Eingabe- oder Ausgabedateien (also nur indirekt mit dem Verarbeitungsprogramm)	Dialogstationen arbeiten zusammen mit dem Betriebssystem und können damit alle Funktionen der DVA beliebig nutzen	Dialogstationen arbeiten zusammen mit bestimmten vorgegebenen Verarbeitungsprogrammen

Aufgaben zum Abschnitt 4

(Lösungen s. Seite 209)

Aufgabe 4.1

Beim nachfolgenden Text ist die Lücke auszufüllen. Die Anzahl der Punkte gibt die Anzahl der Buchstaben des fehlenden Wortes an: „Im On-line-Betrieb ist DVA-seitig .... Datenträger zwischengeschaltet."

Aufgabe 4.2

Nachfolgend finden Sie 8 ungeordnete Begriffe. Stellen Sie daraus zwei Wortgruppen mit je 4 Begriffen zusammen. Die Begriffe jeder Gruppe müssen sinngemäß zusammenpassen.

Datensichtstation	Dialogbetrieb
große Datenmenge	kleine Datenmenge
Magnetbandstation	Sofortverarbeitung
Zwischenspeicherung	Stapelbetrieb

Aufgabe 4.3

Die Lücken in der Tabelle 4.4 sind zu ergänzen!

Tabelle 4.4 zu Aufgabe 4.3

Betriebsart	
....	Daten können ausschließlich von der AST zum Verarbeitungsort bzw. ausschließlich vom Verarbeitungsort zur AST übertragen werden
halbduplex	Daten können abwechselnd in ...... Richtungen übertragen werden
....	Daten können gleichzeitig in beiden Richtungen übertragen werden

Aufgabe 4.4

Zur Verbindung von DSt gibt es zwei unterschiedliche Verbindungsarten. Die Namen der Verbindungsarten geben Aufschluß darüber, ob die Leitung festgeschaltet ist oder über Vermittlungsstellen führt. Wie heißen sie?

Aufgabe 4.5

Der Rechnungsbetrag „+805,61 DM" soll im Ziffernsicherungscode ZSC 2 dargestellt werden.

Aufgabe 4.6

Eine Standleitung weist gegenüber einer Wählverbindung mit mechanischen Koppelgliedern zwei wesentliche Vorteile auf. Welche sind das?

Die Lücken im folgenden Text sind auszufüllen: „Ein Mehrpunkt-Übertragungssystem beinhaltet eine . . . . und zwei oder mehr Trabantenstationen."

Das . . . . -. . . . . . . -. . . . . . ist ein Datenverarbeitungssystem, welches vielen verschiedenen Anwendern mit unterschiedlichen Aufgaben den Zugriff zu einer gemeinsamen DVA gestattet.

5

5.1. Datenendeinrichtungen

Datenendeinrichtungen (DEE) können in zwei Hauptgruppen, nämlich Datenquellen und Datensenken, unterteilt werden. Jede DEE, die in der Lage ist Text zu senden, ist eine Datenquelle, jede DEE, die in der Lage ist Text zu empfangen, wird Datensenke genannt. Es gibt auch kombinierte DEE, die sowohl Datensenke als auch Datenquelle sein können.

5.1.1. Datenquellen

Datenquelle ist eine DEE, die textsendende Station ist. Nachstehend sind Beispiele für Datenquellen angegeben (Rechner siehe Bild 5.1):

51

Datensichtstation (Tastatur),
Fernschreiber (Tastatur),
Lochkarteneingabe (Lochkartenleser),
Lochstreifeneingabe (Lochstreifenleser),
Magnetbandstation (Lesekopf),
Rechner (Speicherausgabe).

5.1.2. Datensenken

Datensenke ist eine DEE, die textempfangende Station ist. Nachfolgend sind einige Beispiele für Datensenken aufgeführt:

Datensichtstation (Bildschirm),
Fernschreiber (Fernschreiberpapier),
Lochkartenausgabe (Lochkartenstanzer),
Lochstreifenausgabe (Locher),
Magnetbandstation (Schreibkopf),
Drucker (Druckerpapier),
Rechner (Speichereingabe).

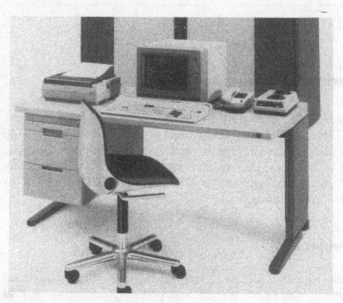

Bild 5.1. Zentraleinheit (Rechner) mit Bedienplatz

5.1.3. Kombinierte Stationen

Neben der Verwendung von Einzelstationen werden vielfach kombinierte Stationen, bestehend aus zwei oder mehr Einzelgeräten, eingesetzt. Dabei sind durchweg Datenquellen mit Datensenken kombiniert. Als Bindeglied zwischen den einzelnen DEG fungiert die DEG-Koordinierungssteuerung. Verbindungen zur Gegenstelle laufen über die DUSTA (Datenübertragungssteuerung für Außenstellen, Bild 5.2).

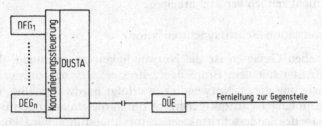

Bild 5.2. Kombinierte, mit gemeinsamer DUSTA arbeitende Station

Die Zusammenstellung der Einzelgeräte zu einer kombinierten Station ist von den zu bearbeitenden Aufgaben abhängig.

Beispiele einiger denkbarer Kombinationen sind:

Drucker + Lochkartenleser,
Drucker + Magnetbandstation + Datensichtgerät,
Lochkartenleser + Lochkartenstanzer,
Drucker + Lochstreifenleser + Lochstreifenlocher.

Bei kombinierten Stationen kann zu einem Zeitpunkt nur eines der DEG mit der Gegenstelle verkehren. Es muß die Datenübertragung (DÜ) für dieses eine DEG voll abgeschlossen sein, bevor ein anderes mit dem Datentransfer beginnen kann.

Bei vielen kombinierten Stationen ist jedoch gleichzeitig neben einer Datenfernübertragung (DÜ) ein Querverkehr von Terminal zu Terminal möglich. Dieser Querverkehr wird ohne Beteiligung einer DVA abgewickelt.

5.1.4. Gleichlaufverfahren zur Synchronisation der Datenendeinrichtungen

Bei den meisten Übertragungsverfahren erfolgt die DÜ bitseriell, das heißt, die Bits eines Zeichens werden nacheinander übertragen.

53

Seitens der Sendestation werden die einzelnen Bits in einem bestimmten Intervall, dem sogenannten Zeitraster, auf den Übertragungsweg geschickt. Dieses Zeitraster wird durch einen stabilisierten Schrittaktgenerator erzeugt. Die so auf den Übertragungsweg geschickten Bits treffen nun am Ende der Übertragungsstrecke bei der Empfangsstation ein und werden von dieser mit gleichem Zeitraster aufgenommen. Damit jedem Bit der gleiche Stellenwert, den es beim Aussenden innehatte, auch beim Empfang zugeordnet wird, dürfen die beiden Zeitraster — das Sendezeitraster und das Empfangszeitraster — nicht zeitlich versetzt arbeiten.

Bitsynchronisation (Schrittsynchronisation)

Aus dem eben Gesagten ist die Notwendigkeit zu erkennen, das Senderzeitraster mit dem Empfängerzeitraster zu synchronisieren. Die Realisierung dieser Notwendigkeit erfolgt hardwaremäßig, indem der Empfängerschrittaktgenerator durch die einlaufenden Bits auf die Phase des Senderschrittaktgenerators abgestimmt wird. Diese Art der Synchronisierung nennt man Bit- oder Schrittsynchronisation. Die Bitsynchronisation dient der Bestimmung des richtigen Bitübernahmezeitpunktes vom Übertragungsweg in das Schieberegister (Bild 5.3).

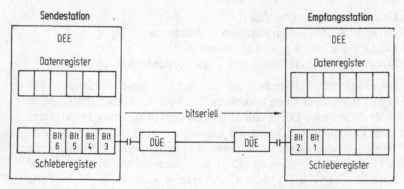

Bild 5.3. Bitsynchronisiertes Einschieben in das Empfänger-Schieberegister

Das „Integrierte Fernschreib- und Datennetz" (IDN) — von dem später noch die Rede sein wird — stellt einen zentralen Schrittakt zur Verfügung. Da Sende- und Empfangsstation diesen zentralen Takt zur Bitsynchronisation verwenden, ist der bitbezogene Gleichlauf zwischen beiden zwangsläufig gegeben.

Zeichensynchronisation

Neben der Bitsynchronisation gibt es noch die Zeichensynchronisation. Sie wird mit Hilfe von Synchronisierinformationen verwirklicht, die von der textgebenden Station mitgesendet werden und die Empfangsstation den richtigen Zeichenübernahmezeitpunkt erkennen lassen. Unter Zeichenübernahmezeitpunkt ist dabei jener Zeitpunkt zu verstehen, zu dem alle Bits eines Zeichens im Schieberegister der empfangenden DEE eingetroffen sind und komplett in das Datenregister übernommen werden können (Bild 5.4). Die Zeichensynchronisation legt somit fest, welche Bits zusammengehören und daher ein Zeichen bilden.

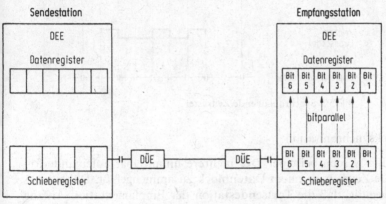

Bild 5.4. Zeichensynchronisierte Informationsübernahme in das Empfänger-Datenregister

Die Gleichlaufverfahren dienen also der Aufgabe, die Empfangsstation in eine zeitliche Abhängigkeit von der Sendestation zu bringen, um die bei der Empfangsstation eintreffenden Daten zum richtigen Zeitpunkt übernehmen zu können. Dabei wird die Bitsynchronisation (Schrittsynchronisation) durch die Zeichensynchronisation ergänzt, wobei sich die in Tabelle 5.1 dargestellte Aufgabenverteilung ergibt.

Tabelle 5.1. Aufgabenverteilung beim Gleichlaufverfahren

Bitsynchronisation	Zeichensynchronisation
Festlegung des richtigen Bitübernahmezeitpunktes (Übertragungsweg → Schieberegister)	Festlegung des richtigen Zeichenübernahmezeitpunktes (Schieberegister → Datenregister)

Der das Zeitraster erzeugende Schrittakt schaltet jedes zu übertragende Bit für die Taktlänge τ auf die Fernleitung. Daraus ist zu ersehen, daß der Schrittakt die Übertragungsgeschwindigkeit bestimmt. Je kürzer der Schrittakt ist, desto größer ist die Übertragungsgeschwindigkeit.

Bild 5.5 zeigt symbolisch das Sender- und das Empfängerzeitraster ohne Berücksichtigung der Leitungslaufzeit. Innerhalb dieser Zeitraster ist der Buchstabe „Z" im 6-Bit-Transcode dargestellt (Z: 101001).

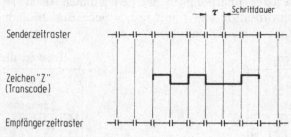

Bild 5.5. Synchronlaufende Zeitraster

Blocksynchronisation

Häufig werden bei einer DÜ mehrere unmittelbar aufeinanderfolgende Zeichen zu einem Datenblock zusammengefaßt. Dabei ist es notwendig, daß die Textsendestation der Empfangsstation Anfang und Ende eines Blockes anzeigt. Dies geschieht mittels besonderer Block-Synchronisationszeichen wie z.B. STX (start of text) oder ETB (end of text block, Bild 5.6).

Bild 5.6. Datenblock

A. Asynchronbetrieb (Start-Stop-Betrieb)

Beim Asynchronbetrieb muß der Zeitrastergleichlauf ein Zeichen lang aufrechterhalten werden. Als Synchronisierimpuls dient dabei ein Startschritt, auch Anlaufschritt genannt, der jedem Zeichen vorangeht. Dem Ende eines Zeichens ist beim Asynchronbetrieb ein Stopschritt angefügt. Aus diesem Grunde wird dieses Verfahren auch als Start-Stop-Betrieb bezeichnet (Bild 5.7).

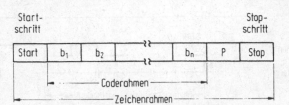

Bild 5.7. Zeichenaufbau beim Asynchronbetrieb. $b_1 \ldots b_n$: Bitstellen, deren Kombination abhängig vom darzustellenden Zeichen und vom verwendeten Code ist; P: eventuell vorhandenes Paritätsbit (Parity-Bit) zur Zeichensicherung

Der Coderahmen enthält nur die Informationsbits, während der Zeichenrahmen auch das Start-, Stop- und Paritätsbit umfaßt.

Von der Datensicherung durch ein Parity-Bit je Zeichen wird bei der Fernübertragung nicht immer Gebrauch gemacht. So werden z. B. die 5-Bit-Codes stets ohne Paritätsbit eingesetzt. Die anderen Codes sind aber sowohl mit als auch ohne Paritätsbit verwendbar.

Die digitale Darstellung des Buchstabens „F" im Fernschreibcode (CCITT-Code Nr. 2) mit Start- und Stopschritt wird in Bild 5.8 gezeigt.

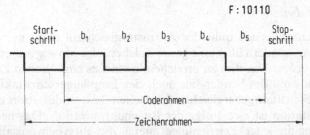

Bild 5.8. Zeichenbegrenzung durch Start- und Stopschritt im Asynchronbetrieb

Das Empfängerzeitraster wird beim asynchronen Gleichlaufverfahren mit der Vorderflanke des eintreffenden Startschrittes synchronisiert. Das bedeutet, daß im Asynchronbetrieb die Bits eines Zeichens in einem festen Zeitraster liegen, während zwischen den einzelnen Zeichen selbst kein zeitlicher Zusammenhang besteht (Bild 5.9). Die Bezeichnung „asynchron" bezieht sich also auf die zeitlich willkürliche Übertragung einer Zeichenfolge. Schließt nicht ein Zeichen an das andere an, so legt die Sendestation während der Sendepausen Stoppolarität auf die Übertragungsleitung.

Der Vorteil des Start-Stop-Betriebes liegt im verhältnismäßig geringen gerätetechnischen Aufwand, was zur Verbilligung der für diese Synchronisierungsart ausgelegten Datenstationen (DSt) führt.

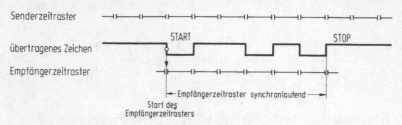

Bild 5.9. Synchronisierung beim Start-Stop-Betrieb

Dieses Verfahren findet dort seine Anwendung, wo Zeichenfolgen übertragen werden, die nur wenige Zeichen beinhalten, z. B. beim Dialogbetrieb. Bei großen Datenmengen jedoch ist der Asynchronbetrieb unwirtschaftlich, weil die Übertragung der Start- und Stopschritte zusätzliche Übertragungszeit erfordert.

Der Asynchronbetrieb ist hauptsächlich auf Übertragungsgeschwindigkeiten bis 200 bit/s beschränkt. Es gibt allerdings auch Datenstationen, die mit 1200 bit/s im Start-Stop-Verfahren arbeiten. Die 5-Bit-Codes werden nur im Asynchronbetrieb verwendet.

B. Synchronbetrieb

Beim Synchronbetrieb muß der Zeitrastergleichlauf nicht nur ein Zeichen lang, sondern über eine ganze Zeichenfolge hinweg aufrechterhalten werden. Um dies zu erreichen, bedarf es einer hohen Zeitstabilität sowohl des Sender- als auch des Empfängerschrittaktgebers. Der Schrittaktgebergleichlauf zwischen Textsendestation und Empfangsstation ist eine Folge der Bitsynchronisation. Das heißt, daß zu Beginn jeder Zeichenfolge zuerst die Bitsynchronisation durchgeführt wird. Dies kann durch ein zu übertragendes Zeichen, das mehrere Bitwechsel — also Wechsel von „0" nach „1" und umgekehrt — aufweist, bewerkstelligt werden. Die Empfangsstation phast sich mit Hilfe der erhaltenen Bitwechsel auf den Schrittakt der Sendestation ein.

Anschließend wird, noch bevor der eigentliche Datenaustausch beginnt, die Zeichensynchronisation hergestellt. Sie wird von der Sendestation durch Abgabe mehrerer im Code festgelegter Synchronisierzeichen (SYN) herbeigeführt. Anhand dieser aufgenommener SYN-Zeichen schwenkt die Empfangsstation auf den Zeichenrhythmus der Sendestation ein. Die binäre Verschlüsselung eines SYN-Zeichens kann der Codetabelle entnommen werden (s. 6-Bit-, 7-Bit- und 8-Bit-Codes). 5-Bit-Codes werden bei der Synchronübertragung nicht verwendet.

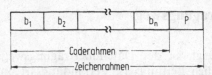

Bild 5.10. Zeichenaufbau beim Synchronbetrieb. $b_1 \ldots b_n$: Bitstellen, die ein Zeichen darstellen; P: eventuell vorhandenes Paritätsbit

Bild 5.10 zeigt den Aufbau eines Zeichens bei Synchronbetrieb. Im Gegensatz zum Asynchronbetrieb fehlt hier sowohl der Start- als auch der Stop-Schritt.

Die Paritätsergänzung (Parity-Bit) ist eine der möglichen Formen der Übertragungsfehlererkennung. Sie kann, muß aber nicht angewandt werden. Die 6-Bit-, 7-Bit und 8-Bit-Codes sind sowohl mit als auch ohne Paritätsbit verwendbar. Wird kein Parity-Bit verwendet, so ist im Synchronbetrieb der Coderahmen gleich dem Zeichenrahmen.

Im Gegensatz zum Start-Stop-Betrieb können beim Synchronbetrieb die Zeichen einer Zeichenfolge nicht in willkürlichen Zeitabständen übertragen werden. Es muß vielmehr beim Synchronbetrieb ein Zeichen unmittelbar an das andere anschließen. Bild 5.11 soll dies veranschaulichen.

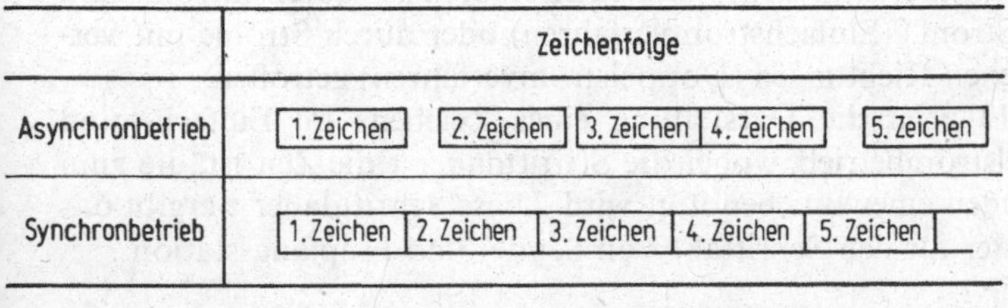

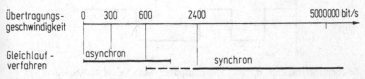

Bild 5.11. Zeichenfolge bei Asynchronbetrieb (zeitlich beliebig) und bei Synchronbetrieb (Zeichen aneinandergereiht)

Der Synchronbetrieb wird meist bei Übertragungsgeschwindigkeiten ab 2400 bit/s, in selteneren Fällen auch darunter, angewandt (Bild 5.12).

Bild 5.12. Gleichlaufverfahren in Abhängigkeit von der Übertragungsgeschwindigkeit

59

5.2. Datenübertragungsweg

Wie unter 4.2 gezeigt, ist der Datenübertragungsweg durch drei Merkmale — nämlich Leitungsart, Verbindungsart und Netzkonfiguration — gekennzeichnet. Die Leitungsarten und die Störquellen eines Übertragungsweges sollen hier näher betrachtet werden.

5.2.1. Leitungsarten

Die Auswahl der zur DÜ verwendeten Leitungen hängt von verschiedenen Faktoren wie Übertragungssicherheit, Übertragungsgeschwindigkeit und Höhe der Leitungsgebühren ab. Um den unterschiedlichen Anforderungen an den Übertragungsweg gerecht zu werden, gibt es dementsprechend verschiedene Leitungsarten, wovon jede ganz spezifische Eigenschaften aufweist.

A. Telegrafieleitung (T-Leitung)

Bei der Telegrafieleitung werden die Zeichen in Form von Gleichstromimpulsen übertragen, d.h., die Bits eines Zeichens werden durch Stromimpulse dargestellt. Dabei wird die Unterscheidung zwischen einer binären „1" und einer binären „0" durch „Strom" und „kein Strom" (Einfachstromverfahren) oder durch Ströme mit verschiedenen Richtungen (Doppelstromverfahren) getroffen.
Bild 5.13 zeigt die Darstellung eines Zeichens im Einfach- und Doppelstrombetrieb, wobei die Schrittdauer τ die Zeit ist, die zum Aussenden eines Bits benötigt wird. Diese Schrittdauer τ ergibt das Zeitraster für den Schrittakt von Sende- und Empfangsstation.

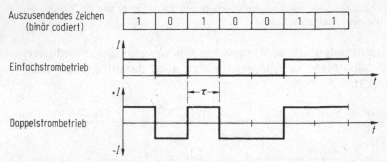

Bild 5.13. Zeichenübertragung durch Stromimpulse auf Telegrafieleitungen. τ: Schrittdauer

Das Einfachstromverfahren zeichnet sich durch technische Unkompliziertheit, das Doppelstromverfahren durch eine größere Übertragungssicherheit aus.

Auf Telegrafieleitungen wird abhängig von der Netzart üblicherweise mit Übertragungsgeschwindigkeiten von 50 bis 300 bit/s gearbeitet. Der wichtigste Vertreter der Telegrafieleitungen ist das Telex-Netz — ein ursprünglich für das Fernschreiben geschaffenes Netz.

B. Fernsprechleitung (Fe-Leitung)

Das am weitesten verbreitete Netz ist das Fernsprechnetz. Aus diesem Grunde war es naheliegend, dieses Netz auch der Datenfernverarbeitung (Dfv) zu erschließen.

Technisch ist das Fe-Netz so konzipiert, daß eine ausreichend gute Übertragung der menschlichen Sprache gewährleistet ist. Die Übertragung der Sprache auf Fe-Leitungen geschieht durch Analogsignale mit einer Bandbreite von 300 bis 3400 Hz. Analogsignale sind Signale, die proportional einer physikalischen Größe, in diesem Falle der menschlichen Sprache, sind. Das Frequenzband von 300 bis 3400 Hz bestimmt letztlich die größtmögliche Übertragungsgeschwindigkeit. Sie beträgt im öffentlichen Fe-Netz maximal 4800 bit/s, auf überlassenen Fe-Leitungen (Fe-Standleitungen) bis zu 9600 bit/s.

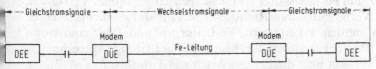

Bild 5.14. DÜ auf Fernsprechleitungen. Modem: Modulator + Demodulator

Die zu übertragenden Daten werden von den DEE in Form von Gleichstromsignalen abgegeben. Sollen diese Daten auf Fe-Leitungen übertragen werden, so müssen sie vor der Übertragung in der sendenden Datenübertragungseinrichtung (DÜE) in tonfrequente Wechselstromsignale und von der empfangenden DÜE wieder in Gleichstromsignale umgesetzt werden. Zu diesem Zwecke ist bei Fe-Leitungen die DÜE als sogenannter Modem (*Mo*dulator und *Dem*odulator) ausgebildet.

Die DÜ im Fe-Wählnetz geschieht gleichermaßen; es kommen dabei lediglich die Vermittlungsstellen mit ihren Wählern hinzu.

C. Breitbandleitung

Breitbandleitungen sind Standverbindungen, die größere Übertragungsgeschwindigkeiten zulassen als Fernsprechwege und daher für eine schnelle DÜ geeignet sind. Auf ihnen sind Schrittgeschwindigkeiten bis zu 5000000 bit/s möglich. Diese hohe Übertragungsgeschwindigkeit erfordert, daß die Leitung für ein breites Frequenzspektrum annähernd gleich gute Übertragungseigenschaften besitzt, das heißt, breitbandig ist.
Breitbandleitungen werden meist zum Informationsaustausch zwischen Rechnern entfernter Datenverarbeitungsanlagen verwendet.

D. Galvanisch durchgeschaltete Leitung

Eine galvanisch durchgeschaltete Leitung ist eine direkte Drahtverbindung von DSt zu DSt ohne Zwischenschaltung irgendwelcher Koppelglieder oder Verstärker. Wenn aber Verstärker im Leitungszug fehlen, ist die Länge des Übertragungsweges begrenzt. Diese Leitungsart ist somit bei Entfernungen bis ca. 30 km anwendbar, wobei die DÜ in Form von Gleich- oder Wechselstromsignalen vonstatten gehen kann.
Auf galvanisch durchgeschalteten Leitungen sind z.Z. Übertragungsgeschwindigkeiten bis zu 19200 bit/s üblich.
Auch T-Leitungen, Fe-Leitungen und Breitbandleitungen, speziell im Ortsbereich, können galvanisch durchgeschaltet sein. Im Fernverkehr sind bei diesen drei Leitungstypen jedoch immer Verstärker, oft in Verbindung mit Richtfunkstrecken, dazwischengeschaltet. Darum werden T-Leitungen, Fe-Leitungen und Breitbandstromwege nicht der galvanisch durchgeschalteten Leitung zugerechnet.
Eine Übersicht über die Leitungsarten gibt Tabelle 5.2.

Tabelle 5.2. Leitungsarten für den Datenübertragungsweg

Leitungsart	Signalform an den Leitungsenden	Übertragungsgeschwindigkeit in bit/s
Telegrafieleitung	Gleichstromsignale	≤ 300
Fernsprechleitung	Wechselstromsignale	Fe-Netz: ≤ 2400 Fe-Standleitung: ≤ 9600
Breitbandleitung	Wechselstromsignale	≤ 5000000
Galvanisch durchgeschaltete Leitung	Gleich- oder Wechselstromsignale	≤ 19200

5.2.2. Störquellen des Übertragungsweges

Der Wert eines Dfv-Systems steht und fällt mit der Betriebssicherheit. Eine ihrer Komponenten ist die Sicherheit des Übertragungsweges. Störquellen bilden dabei elektromechanische Schaltelemente (Kontaktmängel), das Nebensprechen sowie Starkstrombeeinflussungen und Impulsverzerrungen.

Die in Datenübertragungsnetzen auftretenden Störungen rühren hauptsächlich von Verzerrungen her, was zu uneinheitlichen Schrittlängen führt. Das kann zur Folge haben, daß es dem Empfänger ohne besondere Vorkehrungen im Extremfall nicht möglich ist, das ankommende Zeichen richtig aufzunehmen.

Bild 5.15 zeigt eine mögliche Form der Verzerrung anhand der Gegenüberstellung eines unverzerrten und eines verzerrten Zeichens.

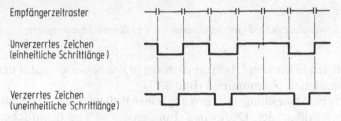

Empfängerzeitraster

Unverzerrtes Zeichen
(einheitliche Schrittlänge)

Verzerrtes Zeichen
(uneinheitliche Schrittlänge)

Bild 5.15. Verzerrung der Schrittlänge

Damit die Empfangsstation trotz der Verzerrung die Daten richtig aufnehmen kann, wird jedes einlaufende Bit nur kurzzeitig in der Schrittmitte abgetastet (Bild 5.16). Somit ist es ausreichend, wenn das einlaufende Bit wenigstens während der Abtastzeit seinen Sollwert besitzt, um vom Empfänger richtig übernommen zu werden.

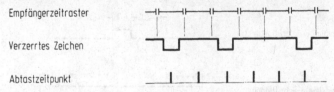

Empfängerzeitraster

Verzerrtes Zeichen

Abtastzeitpunkt

Bild 5.16. Abtastzeitpunkte (Übernahmezeitpunkte) für die seriell einlaufenden Bits

Rückblickend ist der Sinn der Bitsynchronisation besonders deutlich zu erkennen. Aufgabe der Bitsynchronisation ist es, den Abtastzeitpunkt genau in die Schrittmitte zu legen. Durch die Abtastung wird

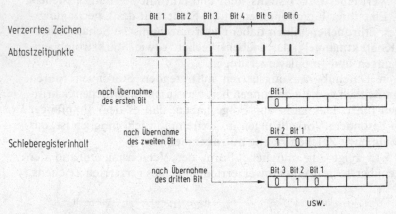

Bild 5.17. Bitserielle Zeichenübernahme durch das Empfänger-Schieberegister

das anstehende Bit vom Übertragungsweg in das Schieberegister der Empfangsstation übernommen (Bild 5.17).

Die zeitliche Abweichung (Verzerrung) einer Bitflanke darf — gemäß den Vorschriften der Deutschen Bundespost — in öffentlichen Netzen maximal 40% vom Sollwert betragen. Damit bleibt auch im

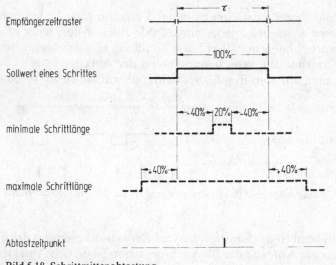

Bild 5.18. Schrittmittenabtastung

ungünstigsten Fall in der Schrittmitte eine Bitlänge von mindestens 20% des Sollwertes τ. Dieser ist die unverzerrte Schrittlänge. Innerhalb der im ungünstigsten Fall verbleibenden Zeitspanne von 20% des Sollwertes ist ein anstehendes Bit abzutasten und damit in das Schieberegister zu übernehmen. Diese zeitlich in der Schrittmitte (Bitmitte) liegende Übernahme wird als Schrittmittenabtastung bezeichnet (Bild 5.18).

5.3. Software im Verarbeitungsrechner

Systemprogramme und Anwendungsprogramme bilden die beiden Komponenten der Software. Die Systemprogramme sind anlagenbezogen, die Anwendungsprogramme aufgabenbezogen.

Von den vier Gruppen des Betriebssystems, nämlich Organisationsprogramm, Übersetzungsprogramme, Dienstprogramme und Datenfernverarbeitungssystem soll das letztere etwas näher beleuchtet werden.

Das Datenfernverarbeitungssystem hat aus der Anwendersicht mehrere Funktionen:

a) Es erlaubt dem Anwender, seine Programme unabhängig von den technischen Eigenschaften der an der Datenübertragung beteiligten Einrichtungen zu schreiben. Um Dinge wie Leitungsart, Übertragungsgeschwindigkeit, Code, DUET usw. braucht er sich nicht zu kümmern, das macht das Betriebssystem für ihn.

b) Der Anwendungsprogrammierer braucht sich auch wenig oder gar keine Gedanken über die Realisierung der Abläufe zu machen, die sich z. B. aus den Betriebsarten ergeben.

c) Schließlich bietet es ihm für seine Programmierarbeit Hilfsmittel. Vorgefertigte Programme oder Programmteile entlasten ihn von zeitraubender Kleinarbeit bei immer wiederkehrenden Aufgaben, z. B. bei der Gestaltung der Ausgabeformate (Anordnung von Texten auf dem Bildschirm).

Die wesentlichen Komponenten des Datenfernverarbeitungssystems zeigt Bild 5.19.

Die Programme, die den Zugriff der Datenstationen zu den Anwendungsprogrammen vermitteln (bzw. umgekehrt), werden hier Zugriffsmethoden genannt.

Hauptaufgaben der Basis-Zugriffsmethode sind das Steuern des Datenverkehrs auf den physikalischen Leitungen und das Vermitteln von Daten an den gewünschten Kommunikationspartner.

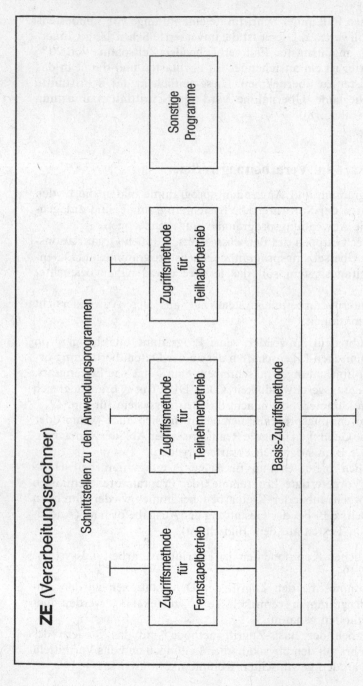

Bild 5.19. Komponenten der Dfv-Software im Verarbeitungsrechner

ZE (Verarbeitungsrechner)

Schnittstellen zu den Anwendungsprogrammen

Zugriffsmethode für Fernstapelbetrieb

Zugriffsmethode für Teilnehmerbetrieb

Zugriffsmethode für Teilhaberbetrieb

Sonstige Programme

Basis-Zugriffsmethode

Schnittstelle zur DUET / zum DÜ-Vorrechner

Die auf der Basis-Zugriffsmethode aufsetzenden Zugriffsmethoden für Fernstapel-, Teilnehmer- und Teilhaberbetrieb stellen die Verbindung zu den Anwendungsprogrammen her und steuern die für jeweilige Betriebsart typischen Abläufe.

So wie der Teilhaberbetrieb auch als Transaktionsbetrieb bezeichnet wird, so findet man für Programme, die den Transaktionsbetrieb steuern, oft die Bezeichnung Transaktions-Monitor, kurz: TP-Monitor.

5.4. Datenübertragungsprozeduren

In einem DÜ-System werden vielfach Einrichtungen verschiedener Hersteller verwendet. Das erfordert jedoch, daß die Nahtstellen sowie die Übertragungsabläufe standardisiert sind. Den standardisierten Ablauf einer DÜ nennt man Prozedur. Die Normung (Standardisierung) der DÜ-Abläufe ist durch internationale Gremien vorgenommen worden, um Datenübertragungen auch über Ländergrenzen hinweg zu ermöglichen. Diese Normen beinhalten Regeln und Vereinbarungen, die zwischen Sende- und Empfangsstation bestehen und damit das Betriebsverhalten ergeben. Aus diesem Grunde läuft eine Prozedur nach einem vorbestimmten Schema ab.

Die zu treffenden Absprachen beinhalten folgende Punkte:

Betriebsart:	sx, hx, dx.
Initiative:	Festlegung, welche Station unter welchen Bedingungen die Initiative zur DÜ ergreifen kann bzw. muß.
Steuerzeichen:	Bedeutung und Zusammensetzung der DÜ-Steuerzeichen.
Übertragungscode.	
Datensicherung:	Übertragungsfehlererkennung und Fehlerkorrektur.
Gleichlaufverfahren:	asynchron, synchron.
Überwachungszeiten:	festgelegte Zeit, in der ein erwartetes Zeichen bei der entsprechenden DSt eintreffen muß. Trifft dieses Zeichen nicht innerhalb der festgesetzten Zeitspanne ein, wird dies als Störung ausgewiesen.

Übertragungs-
geschwindigkeit.

Abwicklung der DÜ: erwartete Reaktionen.

5.4.1. Die wichtigsten Prozedurgruppen

Die drei wichtigsten Prozedurgruppen sind:

gesicherte Stapel- und Dialogprozedur,
Dialogprozedur für Anfrage-Antwort-Betrieb,
Dialogprozedur für Anfrage-Antwort-Betrieb
mit freilaufender Ausgabe.

A. Gesicherte Stapel- und Dialogprozeduren

Diese Prozedurgruppe umfaßt die am häufigsten angewandten Prozeduren, bei denen Maßnahmen zur Fehlererkennung und — bei fehlerhaft übertragenen Zeichen — auch zur Fehlerkorrektur getroffen sind. Die Gruppe der gesicherten Stapel- und Dialogprozeduren unterteilt sich in verschiedene Einzelprozeduren, wovon die bedeutendsten international genormt sind. So z.B. die Basic-Mode-Prozeduren bzw. die HDLC (High Level Data Link Control)-Prozedur.

Die Basic-Mode-Prozedur wird auch als BSC-Verfahren (englisch: Binary Synchronous Communication) bezeichnet, die HDLC-Prozedur vielfach SDLC (Synchronous Data Link Control)-Prozedur genannt.

Die Frage der Initiative, das heißt, welche DSt unter welchen Voraussetzungen die Übertragung lenkt, ist von der noch zu erläuternden Einzelprozedur abhängig.

Verwendung finden der 6-Bit-Transcode, der ISO-7-Bit-Code (CCITT Nr. 5), der USASCII-Code (im Anhang dargestellt) und der EBCDI-Code. Die darin enthaltenen Übertragungssteuerzeichen dienen der Steuerung der DÜ.

Die Betriebsart der Basic-Mode-Prozeduren ist halbduplex (hdx), während das Gleichlaufverfahren sowohl synchron als auch asynchron sein kann. Im Gegensatz dazu ist die HDLC-Prozedur konzipiert für dx-Betrieb. Sie ist jedoch auch bei hdx-Betrieb einsetzbar.

Ihr Einsatz ist jedoch ausschließlich bei synchroner Datenübertragung.

Die gesicherte Stapel- und Dialogprozeduren können infolge der Vielfalt ihrer Einzelprozeduren alle Netzkonfigurationen abdecken.

Tabelle 5.3. Die Hauptmerkmale für die drei wichtigsten Prozedurgruppen

| | Gesicherte Stapel- und Dialogprozeduren | | Dialogprozedur für Anfrage-Antwort-Betrieb | Dialogprozedur mit freilaufender Ausgabe |
	Basic-Mode-Prozeduren	HDLC-Prozedur		
Initiative	unterschiedlich	unterschiedlich	AST	AST (Dialog) DVA (freilaufende Ausgabe)
Verwendete Codes	6-Bit-Transcode ISO-7-Bit-Code USASCII-Code EBCDI-Code	codeunabhängig	beliebige Codes	beliebige Codes
Gleichlaufverfahren	synchron und asynchron	synchron	synchron und asynchron	synchron und asynchron
Betriebsart	hdx	dx, hdx	hdx	hdx
Netzkonfiguration	Punkt-zu-Punkt-Verbindung Konzentratorverbindung Mehrpunktverbindung	Punkt-zu-Punkt-Verbindung Mehrpunktverbindung	Punkt-zu-Punkt-Verbindung Konzentratorverbindung	Punkt-zu-Punkt-Verbindung

B. Dialogprozedur für Anfrage-Antwort-Betrieb

Diese Prozedur ist für Systeme mit einer zentralen Auskunftsstelle und mehreren daran angeschlossenen Datenendgeräten (DEG) geschaffen worden. Dabei liegt die Initiative in jedem Fall beim DEG, d.h., daß nur die AST befähigt ist, die Datenübertragung einzuleiten. Meist läuft die Kommunikation so ab, daß die AST eine Anfrage an die DVA richtet, die daraufhin eine Antwort zurücksendet. Es ist jedoch auch reine Texteingabe möglich, wenn organisatorisch keine Antwort notwendig ist.

Für diese Prozedurart sind alle Codes zugelassen. Das Gleichlaufverfahren ist asynchron oder synchron.

Diese Prozedur kann bei Punkt-zu-Punkt- und bei Konzentratorverbindungen eingesetzt werden.

C. Dialogprozedur mit freilaufender Ausgabe

In vielen Punkten entspricht diese Prozedurgruppe der vorher besprochenen Prozedur für Anfrage-Antwort-Betrieb. Im Gegensatz zu dieser kann jedoch beim Dialogbetrieb mit freilaufender Ausgabe auch die DVA die Initiative ergreifen, indem sie einen Text an die AST sendet, ohne vorher von dieser gerufen worden zu sein.

Das Gleichlaufverfahren kann asynchron oder synchron sein.

Es sind nur Punkt-zu-Punkt-Verbindungen statthaft.

5.4.2. Die wichtigsten Prozedurgruppenmerkmale

Die wichtigsten Prozedurgruppenmerkmale sind in Tabelle 5.3 zusammengestellt.

Aufgaben zum Abschnitt 5
(Lösungen s. Seite 211)

Aufgabe 5.1
Was ist eine Datenquelle bzw. eine Datensenke?

Aufgabe 5.2
Welche Aufgaben haben Bit- und Zeichensynchronisation?

Aufgabe 5.3
Was ist eine Übertragungsprozedur?

Aufgabe 5.4

Nennen Sie die drei wichtigsten Prozedurgruppen!

Aufgabe 5.5

Auf Telegrafieleitungen werden die Zeichen in Form von Gleichstromsignalen übertragen. Dabei gibt es zwei Darstellungsverfahren, deren Benennung von der Stromrichtung abgeleitet ist. Wie heißen sie?

Aufgabe 5.6

Ein modernes Betriebssystem besteht aus vier Programmgruppen, wovon eine die erforderlichen Komponenten für die direkte Dfv (On-line-Betrieb) enthält.
a) Nennen Sie die vier Programmgruppen!
b) Skizzieren Sie den Aufbau der Dfv-Software!

Aufgabe 5.7

Das nachfolgende Silbenrätsel ist zu lösen. Dazu ist es notwendig, die einzelnen Silben zu Wörtern zusammenzusetzen, die Begriffe aus der Dfv ergeben. Die Anfangs-buchstaben der Wörter ergeben — von oben nach unten gelesen — einen Begriff aus der allgemeinen Datenverarbeitung, der als Sammelname für alle Arten von Pro-grammen gilt.

asyn — ban — be — be — be — bin — chron — dung — ein — fach — fern — lei — line — off — pel — real — sprech — sta — sta — stem — strom — sy — ten — time — tion — tra — trieb — trieb — trieb — tung — ver — wähl

. . . .	Form des Datenaustausches (Gegenteil von Dialogbetrieb)
. . . -. . . . -.	Indirekte Dfv
. . . .	Leitung, auf der die Zeichen nur in Form von Wechsel-stromsignalen übertragen werden können
. . . .	Benennung der DSt in der AST bei Mehrpunkt-verbindungen
. . . .	Gegenteil einer festgeschalteten Leitung
. . . .	Eigenschaft des Start-Stop-Betriebes
. . . .-. . . .-.	Englische Bezeichnung für „Teilhaber-Rechensystem"
. . . .	Benennung eines Übertragungsverfahrens, das auf T-Leitungen bzw. galvanisch durchgeschalteten Leitungen angewandt werden kann. Der Name dieses Verfahrens ist von der Art der Stromimpulse abgeleitet.

Aufgabe 5.8

Setze den richtigen Begriff in die entsprechende Satzlücke.
a) Die Bitsynchronisation bestimmt den Übernahmezeitpunkt jedes einzelnen . . . . in das Schieberegister.
b) Die . . . . faßt die Bits zusammen, die ein Zeichen bilden.
c(Mit Hilfe der Blocksynchronisation wird . . . . . . und . . . . eines Blockes festge-legt.

6

6.1. Datenendeinrichtungen der Außenstelle

Die Datenendeinrichtung (DEE) in der Außenstelle (AST) setzt sich aus der Datenübertragungssteuerung (DUSTA), der Geräteelektronik und der Gerätemechanik zusammen. (Die Mechanik kann dabei auf ein Minimum schrumpfen, wie z. B. bei einem Datensichtgerät.) Die beiden letztgenannten Teile bilden zusammen das Datenendgerät (DEG, Bild 6.1).

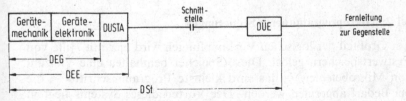

Bild 6.1. Aufbau einer Datenstation (DSt) in der AST

Das DEG kann Datenquelle oder Datensenke sein. Es ist auch möglich, mehrere DEG an einer DUSTA anzuschließen, wobei aber ein DEG nur dann eine Datenübertragung (DÜ) einleiten kann, wenn kein anderes die DUSTA belegt hat.

Aufgabe der DUSTA ist es, den Ablauf der DÜ zu kontrollieren und zu steuern, sowie die an der Schnittstelle liegenden steuerungsspezifischen Signale in die für das Endgerät notwendigen gerätespezifischen Signale umzusetzen.

Die gebräuchlichste Schnittstelle zwischen DEE und DÜE ist gemäß der CCITT-Empfehlung V24 als Schnittstelle für Serienübertragung durch DIN 66020 genormt. Damit können unterschiedliche Fabrikate problemlos an die Übertragungsstrecke angeschlossen bzw. gegen andere ausgetauscht werden.

Bild 6.2 zeigt nochmals ein DÜ-System in seiner Gesamtheit.

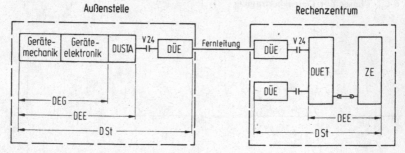

Bild 6.2. On-line-Datenübertragungssystem. V24: Schnittstelle für Serienübertragung

6.1.1. Festverdrahtete Steuerungen

Bei diesem Konzept sind die Schaltungen für DUSTA und Geräteelektronik ausschließlich mit Gattern und Kippstufen realisiert. Diese Schaltungsart ist relativ starr und setzt etwaigen später notwendig werdenden Änderungen enge Grenzen.

Für einfache Terminals kann die festverdrahtete Schaltung die kostengünstigste Lösung bieten.

6.1.2. Mikroprogrammierte Steuerungen

Ein Großteil der logischen Verknüpfungen wird hier mit Hilfe von Festwertspeichern gelöst. Diese Speicher beinhalten eine Vielzahl von Mikrobefehlen — das sind kleinste Programmschritte —, die bei Bedarf abgerufen werden. Der Vorteil dieses Systems liegt in der Austauschbarkeit der Festwertspeicher und damit in der Änderbarkeit der Programme. So werden z.B. bei kombinierten Stationen durch verschiedene Festwertspeicher unterschiedliche Geräteelektronik-Abläufe zusammengestellt. Dadurch ist es möglich, sowohl den Erfordernissen einer Datensichtstation, eines Druckers, eines Magnetbandes usw. gerecht zu werden.

Die meisten Terminalsysteme sind mittels mikroprogrammierter Schaltungen verwirklicht.

6.2. Datennetze

Die Deutsche Bundespost bietet für die Datenübertragung zwei öffentliche Netze an: Das allseits bekannte „Fernsprechnetz" (Fe-Netz) und das „Integrierte Text- und Datennetz" (IDN). Die Bezeichnung „integriert" ist darauf zurückzuführen, daß früher unabhängig voneinander bestandene Netze im IDN zusammengefaßt worden sind. Neben diesen beiden öffentlichen Netzen überläßt die Deutsche Bundespost in Ausnahmefällen einzelne Stromwege zum Aufbau privater DÜ-Anlagen (Bild 6.3).

Bild 6.3. Datenübertragungswege der Post

6.2.1. Fernsprech-Wählnetz (Fe-Netz)

Im Fe-Netz wird — wie bei allen anderen Wählnetzen auch — die Verbindung zum gewünschten Teilnehmer über Vermittlungsstellen aufgebaut (Bild 6.4). Dies geschieht dadurch, daß die rufende

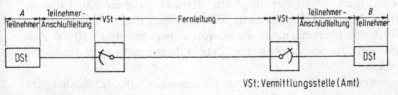

Bild 6.4. Wählverbindung

DSt Wählimpulse aussendet, die manuell mittels Tastaturwahl bzw. Wählscheibe (Nummernschalter) oder softwaremäßig per Programm erzeugt werden können. Die Einrichtungen innerhalb der Vermittlungsämter sorgen dann dafür, daß die vom A-Teilnehmer einlaufenden Zeichen zum B-Teilnehmer weitergegeben werden. Die Verbindung zwischen dem einzelnen Teilnehmer und seiner Vermittlungsstelle ist ständig vorhanden und wird Teilnehmer-Anschlußleitung genannt.

Eine in einem Wählnetz integrierte DSt ist flexibel einsetzbar, weil nicht — wie bei Festverbindungen — nur mit ein- und derselben Gegenstelle verkehrt werden kann, sondern fallweise mit verschiedenen Benutzern Daten austauschbar sind.

Das Fernsprechnetz ist ein Netz, in dem Signale nur in Form von Wechselströmen übertragen werden können. Das bedeutet, daß die Daten nicht wie in einem Telegrafienetz in Form von Gleichstromschritten, sondern als einem Wechselstrom (Träger) überlagerte Datensignale ausgesendet werden. Da jedoch alle DEE nur mit Gleichstromsignalen arbeiten, muß beim Aussenden ein Modulator, beim Empfang ein Demodulator für die Signalumsetzung sorgen. Diese Aufgabe übernimmt die im Fernsprechnetz als Modem (*Mo*dulator-*Dem*odulator) ausgebildete Datenübertragungseinrichtung (DÜE).

Die zur Zeit üblichen Übertragungsgeschwindigkeiten reichen bis zu 4800 bit/s. Alle Codes sind zulässig.

Das Fernsprechnetz ist das am weitesten verbreitete, jedoch auch störanfälligste Netz. Ein gutes Charakteristikum zur Erkennung der Qualität des Übertragungsweges, ist die Bitfehlerwahrscheinlichkeit. Man versteht darunter die Wahrscheinlichkeit, mit der ein Bit bei der Übertragung verfälscht wird. Die Bitfehlerwahrscheinlichkeit im Fe-Netz beträgt 10^{-4} bis 10^{-5}. Diese in Versuchen ermittelte Zahl besagt, daß sich wahrscheinlich unter 10000 bis 100000 übertragenen Bits ein falsches befindet.

Die Übertragungsgüte des Fe-Netzes soll ein Anschauungsbeispiel deutlich machen. Diesem Beispiel ist eine mittlere Bitfehlerwahrscheinlichkeit von $2 \cdot 10^{-5}$ (1 von 50000) zugrundegelegt:

Dieses Buch beinhaltet ungefähr 450000 Zeichen (Buchstaben, Ziffern, Interpunktionszeichen). Würde dieser Buchinhalt in einem 7-Bit-Code übertragen, so wären von den genannten 450000 Zeichen nur ca. 50 Zeichen auf dem Übertragungsweg verfälscht worden.

Hält man diesen 50 Zeichenverfälschungen die tatsächlich im Buchtext befindlichen Druckfehler entgegen, so wird die Übertragungsgüte deutlich. Trotz mehrfachen Korrekturlesens sind schätzungsweise 100 Druckfehler in diesem Buch verblieben. Geringfügige Fehler werden meist überlesen und daher nicht registriert.

Rückblickend kann somit gesagt werden, daß selbst bei nichtkontrolliertem Betrieb die Fehlerhäufigkeit bei Übertragungen über das Fe-Netz im Mittel halb so groß ist als beim Buchdruck.

Neben der Bitfehlerwahrscheinlichkeit wird manchmal auch die Zeichenfehlerwahrscheinlichkeit genannt. Sie gibt an, wie viele falsch übertragene Zeichen auf die Gesamtzahl der übertragenen Zeichen kommen.

Das Fe-Netz übernimmt den Datentransport in Form von Wechselstromsignalen im Sprachbandbereich von 300 bis 3400 Hz. Als Gleichlaufverfahren kann sowohl der Asynchron- als auch der Synchronbetrieb angewandt werden. Fernsprech-Wählverbindungen bestehen aus 2-Draht-Leitungen.

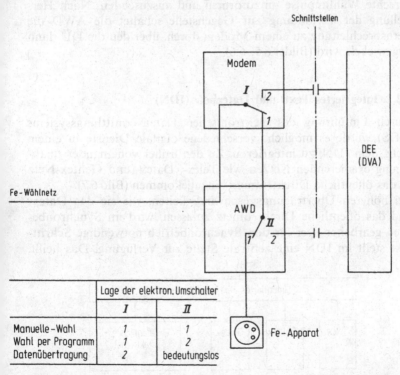

| | Lage der elektron. Umschalter | |
	I	II
Manuelle-Wahl	1	1
Wahl per Programm	1	2
Datenübertragung	2	bedeutungslos

Bild 6.5. Zusammenwirken zwischen Automatischer Wähleinrichtung, Modem und DEE

Bild 6.6. Automatische Wähleinrichtung

Zum Aufbau der Verbindung kommt DVA-seitig oder bei programmierbaren Terminals die „Automatische Wähleinrichtung für Datenverbindungen" (AWD) zum Einsatz. Sie ist in der Lage von einem Programm gelieferte digitale Wählinformationen in leitungsgerechte Wählimpulse umzuformen und auszusenden. Nach Herstellung der Verbindung zur Gegenstelle schaltet die AWD die Fernsprechleitung zu einem Modem durch, über den die DÜ dann abgewickelt wird (Bilder 6.5, 6.6).

6.2.2. Integriertes Text- und Datennetz (IDN)

Durch Einführung des elektronischen Datenvermittlungssystems (EDS) wurde es möglich, verschiedene digitale Dienste in einem Netz, dem IDN, zu integrieren. Zu den früher voneinander unabhängig existierenden Netzen wie Telex-, Datex- und Gentex-Netz ist das öffentliche Direktrufnetz hinzugekommen (Bild 6.7). Bei höheren Übertragungsgeschwindigkeiten, wie sie das Datex- und das öffentliche Direktrufnetz zulassen, wird im Synchronbetrieb gearbeitet. Der für den Synchronbetrieb notwendige Schritttakt stellt im IDN eine zentrale Stelle zur Verfügung. Das heißt,

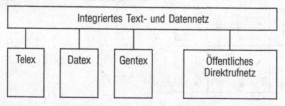

Bild 6.7. Digitale Dienste im IDN

alle DÜE für synchrone Übertragung sowie die daran angeschlossenen DEE müssen mit dem vom Datennetz gelieferten zentralen Takt arbeiten. Das hat selbstverständlich zur Folge, daß in einem derart taktgebundenen Netz die DÜ-Geschwindigkeit fest vorgegeben ist. Unterschiedliche DÜ-Geschwindigkeiten in unterschiedlichen Netzteilen erfordern somit auch verschiedene zentrale Schritttakte.

Telex-Netz

Das Telex-Netz (*Tele*printer *ex*change) ist ein über die ganze Welt verbreitetes und für das Fernschreiben konzipiertes Netz. Soll es auch für die allgemeine DÜ verwendet werden, so muß das entsprechende Datenverarbeitungs-(Dfv-)System den gegebenen Leitungseigenschaften angepaßt werden. Dabei sind folgende Einschränkungen zu beachten:

Die Übertragungsgeschwindigkeit beträgt im Telex-Netz generell 50 bit/s.

Ohne besondere Vorkehrungen ist nur der CCITT-Code Nr. 2 zugelassen, wobei ziffernseitig die Kombinationen F, G, H sowie die Kombination Nr. 32 ($\ominus$) nicht erlaubt sind.

Eine Telexstelle muß immer erreichbar sein. Local-Betrieb ist nur dann gestattet, wenn er aufgrund eines ankommenden Rufes unterbrochen werden kann. Local-Betrieb ist Wartungsbetrieb oder stellt eine Möglichkeit dar, Datenträger ohne gleichzeitige DÜ zu beschriften. So kann z.B. ein Fernschreiber als normale Schreibmaschine verwendet werden.

Im Telex-Netz ist halbduplex-Betrieb (hx) möglich.

Der Vorteil des Telex-Netzes liegt vor allem in seiner weiten Verbreitung. Damit ist es möglich, Teilnehmer in allen größeren Ortschaften zu erreichen. Jeder Telex-Teilnehmer hat eine Telex-Nummer (Fernschreibnummer) und kann über diese angewählt werden. Die Vermittlungsart entspricht also der des Fernsprechnetzes.

Telex-Wählverbindungen bestehen aus 2- oder 4-Draht-Leitungen. Das Telex-Netz arbeitet auf Telegrafiebasis, d.h., die Daten auf den Teilnehmer-Anschlußleitungen werden in Form von Gleichstromschritten (Einfach- oder Doppelstromschritte) übertragen. Als Gleichlaufverfahren wird ausschließlich der Asynchronbetrieb (Start-Stop-Betrieb) angewendet.

Die Bitfehlerwahrscheinlichkeit beträgt 10^{-5} bis 10^{-6} (auf 100000 bis 1000000 übertragene Bits kommt 1 verfälschtes Bit).

Gentex-Netz

Das Gentex-Netz (General Telegraph Exchange) ist ein postinternes Telegrafie-Wählnetz. Es dient den Post- und Telegrafenverwaltungen für den inneren Dienst, u.a. für die Telegrammübermittlung. Die Arbeitsbedingungen sind hier dieselben wie im Telex-Netz.

Da dieses Netz nicht öffentlich ist, besitzt es für die allgemeine DÜ keinerlei Bedeutung und ist nur der Vollständigkeit halber aufgeführt.

Datex-Netz

Fernsprechnetz und Telexnetz hatten in den Anfangszeiten der Datenübertragung zwei unschätzbare Vorteile: Sie existierten bereits und sie boten praktisch an jedem beliebigen Ort normierte Anschlußmöglichkeiten. So war die Mitbenutzung naheliegend, auch wenn einige Nachteile in Kauf zu nehmen waren, z.B. beim Telexnetz die geringe DÜ-Geschwindigkeit von 50 bit/s, beim Fernsprechnetz die relativ hohe Bitfehlerwahrscheinlichkeit von 10^{-5}.

In den siebziger Jahren entstand deshalb im Rahmen des IDN ein speziell auf die Ansprüche der Datenübertragung zugeschnittenes digitales Netz, das den Namen Datex-Netz (Data exchange) erhielt. Nach der Ausweitung der ursprünglich angebotenen Dienste stehen nunmehr zwei Varianten zur Verfügung: Datex-L und Datex-P.

Beides sind vermittelte Netze: Jede DEE kann jede andere DEE anwählen und mit ihr Daten austauschen (sofern sie in gewissen Eigenschaften übereinstimmen); Vermittlungsstellen bauen die Verbindung zwischen den Partnern auf.

Datex-L (Datex mit Leitungsvermittlung)

Bei Datex-L werden beim Verbindungsaufbau in den Vermittlungsstellen mehrere Leitungsabschnitte so zusammengeschaltet, daß schließlich eine durchgehende Verbindung zwischen der rufenden und der gerufenen DEE besteht.

Der so für die Dauer der Datenübertragung geschaffene Weg ist transparent, d.h. die Daten kommen — nur um die Signallaufzeit verzögert — in genau der Form und den gleichen zeitlichen Verhältnissen beim Empfänger an, wie sie vom Sender auf die Leitung gegeben worden sind. Die Wahl des Übertragungscodes, der Übertragungsprozedur u.ä. bleibt den Anwendern überlassen; es ist deren Sache, daß sendende und empfangende Station zueinander passen.

(Das Datex-L-Netz kann man in dieser Beziehung sehr gut mit dem Telefonnetz vergleichen, einem ebenfalls leitungsvermittelten Netz. Die Transparenz ist dort ganz offensichtlich: Dem Telefonapparat, den Leitungen und den Vermittlungsstellen ist es egal, ob jemand deutsch oder chinesisch spricht, langsam oder schnell, laut oder leise; am fernen Ende wird genau das wiedergegeben, was das Mikrophon des Sprechers aufnimmt.)
In Bild 6.10 sind die heute angebotenen Datex-L-Dienste aufgelistet.

Datex-P (Datex mit Paketvermittlung)

Bei dieser Technik werden die Daten von der Sendestation zu „Paketen" von einigen Hundert Zeichen (1983: bis 128, Erweiterung auf 256/512 geplant) gebündelt, mit den nötigen Adressierungsdaten versehen und dann über die Anschlußleitung zur Paketvermittlungsstelle übertragen, wo sie zunächst — zusammen mit den Paketen anderer Teilnehmer — in einem Speicher eingelagert werden. Von dort werden die Pakete weitergereicht, ihrer Adressierung entsprechend, zum Speicher der nächsten Vermittlungsstelle, vielleicht auch noch zu einer dritten, bis sie schließlich bei der gewünschten Empfangsstation abgeliefert werden.

Durch das Zwischenspeichern der Datenpakete besteht also keine direkte Verbindung mehr zwischen Sendestation und Empfangsstation, doch sind die zeitlichen Verzögerungen so klein, höchstens einige zehntel Sekunden, daß sie sich für den Anwender praktisch nicht bemerkbar machen.

Wo liegen nun die Vorteile der Paketvermittlungstechnik? Um nur einige zu nennen:

— Die häufigen Kommunikationspausen beim Dialogverkehr können genutzt werden, um Datenpakete anderer Stationen über die gleiche Leitung zu übertragen; damit erhöht sich die Leitungsausnutzung.

— Auf den einzelnen Abschnitten (von Speicher zu Speicher) können die Pakete je nach technischen/wirtschaftlichen Möglichkeiten mit verschiedenen Geschwindigkeiten übertragen werden.

— Sendestation und Empfangsstation können mit unterschiedlichen Geschwindigkeiten arbeiten.

Ob Datex-L oder Datex-P günstiger ist, muß in jedem Einzelfall neu entschieden werden, wobei die Gebührengestaltung einen entscheidenden Einfluß hat.

Direktrufnetz

Für die DÜ zwischen stets fest zugeordneten DSt hat die Deutsche Bundespost das Direktrufnetz geschaffen. Es bietet festgeschaltete Leitung mit digitaler Schnittstelle auf der Teilnehmerseite. Die Endpunkte dieser Netze nennt man „Hauptanschlüsse für Direktruf" (HfD, Bild 6.8).

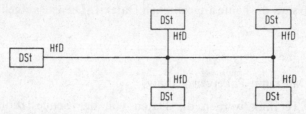

Bild 6.8. Im Direktrufnetz realisierte Mehrpunktverbindung

Eine im Direktrufnetz integrierte DSt kann auch als Vermittlungsstelle fungieren und als Verbindungsglied zu einem Wähl- oder einem anderen Festnetz dienen. Im Bild 6.9 ist die Kopplung zwischen einem öffentlichen Wählnetz und einer Direktrufverbindung gezeigt.

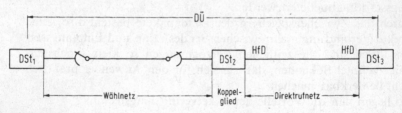

Bild 6.9. Datenübertragung zwischen DSt 1 und DSt 3

Wie das Beispiel zeigt, ist es so Teilnehmern auch ohne HfD-Anschluß möglich in das Direktrufnetz hineinzuwirken.
Ein weiterer Vorteil des Direktrufnetzes ist die weitgehende Störungsfreiheit (Bitfehlerwahrscheinlichkeit 1 pro 1 000 000) und die ständige Verfügbarkeit des Übertragungsweges. Alle Codes und alle Betriebsarten (sx, hdx, dx) sind zugelassen.

Das öffentliche Direktrufnetz bietet folgende Dienste:

HfD   50:   Asynchrone Datenübertragung bis 50 bit/s.
HfD   300:   Asynchrone Datenübertragung bis 300 bit/s.

HfD	1 200:	Synchrone (oder asynchrone) Datenübertragung mit (bis) 1 200 bit/s.
HfD	2 400:	Synchrone Datenübertragung mit 2 400 bit/s.
HfD	4 800:	Synchrone Datenübertragung mit 4 800 bit/s.
HfD	9 600:	Synchrone Datenübertragung mit 9 600 bit/s.
HfD	48 000:	Synchrone Datenübertragung mit 48 000 bit/s.

Wie beim Datex-Netz gilt auch hier, daß bei taktgebundenen Netzteilen die DÜ-Geschwindigkeit um 25 % höher liegt als die angegebene Bitrate (HfD 1 200 ... HfD 48 000) für die DEE. Wie erwähnt gestattet dies der Nutzinformation noch Zusatzbits (Envelope) als Steuerinformation beizufügen.

6.2.3. Private Drahtfernmeldeanlagen

Hierzu zählen sowohl private Wählnetze als auch private Standverbindungsnetze. In der Vergangenheit waren die mit posteigenen Stromwegen aufgebauten Standverbindungsnetze für den Datenverkehr von besonderer Bedeutung. Durch die Einführung des benutzungsrechtlich mehr Möglichkeiten bietenden und in vielen Fällen kostengünstigeren Direktrufnetzes verlieren die als private Drahtfernmeldeanlagen installierten Datennetze allmählich an Bedeutung. Sie werden nur noch in Ausnahmefällen zugelassen.

Wichtigste Merkmale:

Nur eine juristische Person darf Inhaber und Benutzer einer privaten Drahtfernmeldeanlage sein.

Es darf keine Verbindung zu öffentlichen Netzen bestehen.

Die Anlage darf nur für die Übertragung innerdienstlicher bzw. innerbetrieblicher Informationen oder Daten dienen.

Beliebiger Code.

Telegrafenstromwege (50 und 200 bit/s), Fernsprechstromwege (ausnutzbar bis 9 600 bit/s) und Breitbandstromwege (bis 5 Mbit/s).

Zusammenfassend sind in Bild 6.10 nochmals die für die Dfv wichtigen Übertragungswege dargestellt. Das für die allgemeine DÜ bedeutungslose Gentex-Netz ist hier nicht mehr aufgeführt.

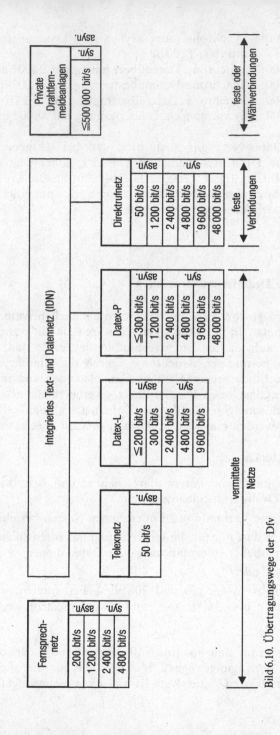

Bild 6.10. Übertragungswege der Dfv

Tabelle 6.1. Die wichtigsten Kennwerte einiger Übertragungswege

Übertragungs-weg	Über-tragungs-Geschwin-digkeit	Über-tragungs-ver-fahren	Betriebs-art	Anzahl der richtig übertragenen Bits pro verfälschtem Bit
Telexnetz	50 bit/s	seriell asynchron	sx/hx	100 000 bis 1 000 000
Fernsprech-netz	1 200 bit/s	seriell asynchron	sx/hx/dx	5 000 bis 10 000
Fernsprech-netz	4 800 bit/s	seriell synchron	sx/hx	10 000
Direktruf-netz (HfD)	bis 300 bit/s	seriell asynchron	sx/dx	1 000 000
	48 000 bit/s	seriell synchron	sx/dx	1 000 000
Datex-L	200 bit/s	seriell asynchron	sx/hx/dx	500 000
Datex-L	9 600 bit/s	seriell synchron	sx/hx/dx	100 000
Datex-P	1 200 bit/s	seriell asynchron	hx/dx	1 000 000
Datex-P	48 000 bit/s	seriell synchron	dx	1 000 000 000 wegen gesichertem Übertragungsverfahren

6.3. Datenübertragungseinheiten

Die Datenübertragungseinheit (DUET) übernimmt auf der Seite der Datenverarbeitungsanlage (DVA) die Koordinierung der DÜ und führt zur Entlastung der Zentraleinheit (ZE) eine Reihe von Steuer- und Kontrollfunktionen selbständig aus. Das sind u.a. die Erkennung von Übertragungssteuerzeichen, die Überwachung einer bestehenden Verbindung, die Datensicherung (Übertragungsfehlererkennung), die Serien-Parallel-Umwandlung der Zeichen, Realisieren der Prozedur, Codeumsetzungen und vieles mehr.

Die DUET setzt sich aus der Datenübertragungssteuerung (DUST) und den jeder angeschlossenen Fernleitung zugeordneten Puffern (PF) zusammen (Bild 6.11).

Die DUET ist auch weitab eines Rechenzentrums als Netzverzweiger einsetzbar. Eine DVA-seitige DUET wird in der Fachliteratur vielfach als „Vorrechner", eine netzverzweigende DUET als „programmierbarer Netzknoten" bezeichnet (Bild 6.12).

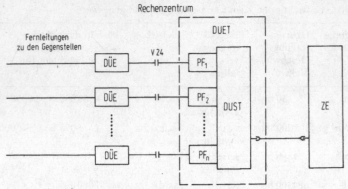

Bild 6.11. Mehrkanal-DUET (DVA-seitig)

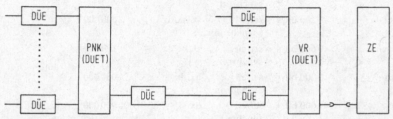

Bild 6.12. Mehrkanal-DUET als programmierbarer Netzknoten (PNK) und als Vorrechner (VR)

Wie zu ersehen ist, dient die DUET der Zusammenfassung vieler Fernleitungen.

Eine moderne DUET beinhaltet als DUST einen Datenübertragungsrechner (Bild 6.13). Wie jeder Rechner besitzt auch dieser

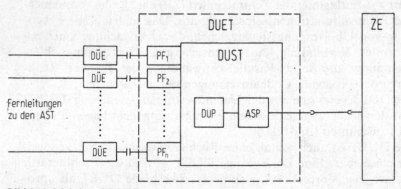

Bild 6.13. Mehrkanal-DUET

eine Steuerung den Datenübertragungsprozessor (DUP), und einen Arbeitsspeicher (ASP).

Für einen PNK oder VR stehen verschiedene Programme bereit mit denen sich unterschiedliche Einsatzvarianten erreichen lassen. So kann man z.B. die mit den AST auszutauschenden Daten zeichenweise oder blockweise übermitteln.

Zeichenweise Übermittlung bedeutet, daß bei Texteingabe jedes von der AST einlaufende Zeichen sofort an die ZE weitergegeben wird. Bei Textausgabe wird hier jedes Zeichen sofort über den Arbeitsspeicher der DUET an den jeweiligen Puffer weitergereicht.

Bei blockweiser Übermittlung werden die Daten stets in der DUET gesammelt bis eine bestimmte Zeichenmenge aufgelaufen ist. Erst wenn die Nachricht komplett ist wird sie in einem Zuge weitergeleitet.

Daraus ergibt sich die Möglichkeit die im ASP komplett vorhandenen Nachrichten bereits in der DUET vorzuverarbeiten. Diese Vorverarbeitung wird zum Beispiel für die Formatsteuerung der angeschlossenen Terminals, zur Ausgabe oder Einfügung von Standardtexten, aber auch für umfangreichere Aufgaben wie z.B. Plausibilitätskontrollen verwendet. Dies bedeutet eine wesentliche Entlastung der ZE.

An eine Mehrkanal-DUET sind abhängig von Type und Ausbau eine Vielzahl von AST anschließbar, die alle zueinander simultan arbeiten können. Dabei ist gewährleistet, daß die DUET die anfallende Datenmenge auch dann bewältigt, wenn alle angeschlossenen AST aktiv sind. Werden gleichzeitig von mehreren AST Bedienungsforderungen gestellt, so sorgt die DUET für eine zeitlich verschachtelte Bearbeitung dieser Bedienungswünsche. In einem zyklischen Abfrageverfahren findet der Zeichenaustausch mit einer AST nach der anderen statt. Die DUET kann, ohne in Zeitnot zu geraten, allen Transferwünschen gerecht werden, weil die Übertragungsrate auf den meisten Fernleitungen im Verhältnis zur Arbeitsgeschwindigkeit der DUET gering ist.

Die zyklische Bedienung der einzelnen PF, oft auch als Leitungspuffer bezeichnet, erfolgt durch den sog. Scanner (Abtaster). Der Scanner arbeitet vollelektronisch, ist also kein rotierender mechanischer Abtaster, wie es die schematische Darstellung von Bild 6.14 vortäuscht. Er schaltet, bildlich gesprochen, eine Fernleitung nach der anderen über den zugehörigen PF zum Arbeitsspeicher der DUST durch. Ist ein bestimmter PF durch den Scanner ausgewählt, so kann zunächst maximal ein Zeichen mit der an diesem

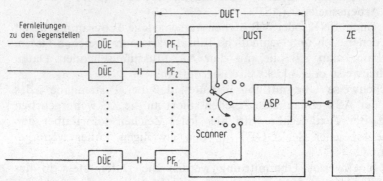

Bild 6.14. Zeitlich verschachtelte Bedienung der AST (Simultanarbeit) durch die DUET

PF angeschlossenen fernen AST ausgetauscht werden. Ist dieses Zeichen übertragen worden, so ist eine neuerliche Bedienung derselben AST frühestens wieder nach einem Scanner-Umlauf möglich. Meist wird der Scanner mehrmals umlaufen, bis ein neues Zeichen an dieselbe AST gesendet oder von ihr empfangen werden kann, weil die Übertragungsgeschwindigkeit auf der Fernleitung relativ langsam im Vergleich zur Scanner-Umlaufgeschwindigkeit ist.

Die Bitsynchronisation kann von der DÜE oder der DUET vorgenommen werden. Die Zeichensynchronisation dagegen wird immer von der DUET durchgeführt.

Zusammenfassend soll die Aufgabenverteilung in einem Dfv-System nochmals gezeigt werden (Bild 6.15).

DEG

Ihm obliegt es, die über eine Tastatur (Datensichtstation, Fernschreiber) oder einen maschinell lesbaren Datenträger eingegebenen Daten in binärer Form an die DUSTA zur Weiterleitung abzugeben (Datenquelle) oder die von der DUSTA empfangenen Daten auf einem visuell oder maschinell lesbaren Datenträger abzuspeichern (Datensenke).

DUSTA

Sie steuert die DÜ und realisiert endgeräteseitig die Übertragungsprozedur. Die Bitsynchronisierung und die Erzeugung des Schritttaktes kann, abhängig vom Aufbau des Übertragungssystems, entweder von der DUSTA oder einer DÜE durchgeführt werden.

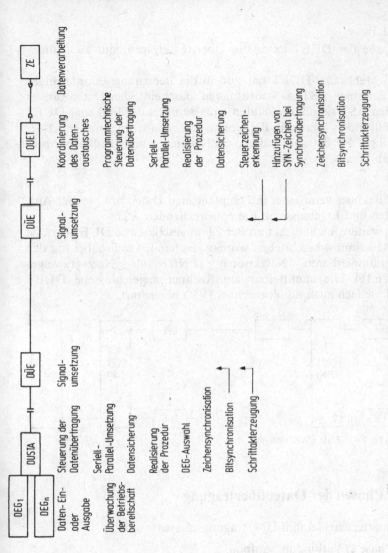

Bild 6.15. Übersicht über die Aufgabenverteilung in einem Fernverarbeitungssystem

Werden von einer DUSTA mehrere DEG bedient, so nimmt sie auch die Auswahl des für die DÜ heranzuziehenden DEG vor.

DÜE

Von ihr werden die gerätespezifischen Gleichstromsignale in leitungsspezifische Gleichstrom- oder Wechselstromsignale umgesetzt und umgekehrt. Manche DÜE kann auch die Schrittakterzeugung und die Bitsynchronisation vornehmen.

DUET

Aufgabe der DUET ist es die Übertragungsprozedur zu realisieren.

Eine Mehrkanal-DUET hat zudem die Bedienungsanforderungen der einzelnen AST zu koordinieren, das heißt, den Datentransfer zu den AST simultan ablaufen zu lassen. Bei der Einkanal-DUET entfällt dieses Merkmal. Bei einer Synchronübertragung sendet der beteiligte PF die notwendigen SYN-Zeichen selbständig (hardwaremäßig) aus.

ZE

Der Rechner verarbeitet die empfangenen Daten bzw. sendet Antworten und Ergebnisse an die entsprechenden AST.

Eine weitere, nicht direkt an der ZE angeschlossene DUET-Art, ist im Abschnitt 4 beschrieben worden. Es handelt sich dabei um den programmierbaren Netzknoten (PNK) als Netzverzweiger (Bild 6.16). Die unmittelbar am Rechner angeschlossene DUET wird vielfach auch als Vorrechner (VR) bezeichnet.

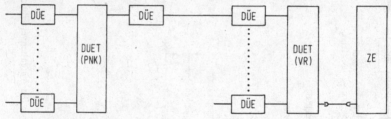

Bild 6.16. DUET als PNK und VR

6.4. Phasen der Datenübertragung

Man unterscheidet fünf Übertragungsphasen:

Phase 1: Verbindungsaufbau,
Phase 2: Aufforderung zur Datenübertragung,
Phase 3: Textübermittlung,
Phase 4: Beendigung der Datenübertragung,
Phase 5: Verbindungsabbau.

Phase 1 (Verbindungsaufbau)

Vor Beginn der DÜ sind bestimmte einleitende Maßnahmen notwendig, die unter dem Begriff Verbindungsaufbau zusammengefaßt

90

sind. Dazu gehört das Rufen der Gegenstelle, bei Wählnetzen auch das Durchschalten der Verbindung.

Das Rufen der Gegenstelle erfolgt bei Standverbindungen durch das Aktivieren des Übertragungsweges, das heißt, die Leitung wird vom Ruhezustand in den Betriebszustand versetzt. Dies kann z. B. vom DEG aus durch Drücken der Anruftaste oder von der ZE aus per Programm bewerkstelligt werden.

Bei Wählverbindungen geschieht der Verbindungsaufbau aufgrund der Wahl der Teilnehmernummer, die sowohl manuell (Wählscheibe) als auch per Programm erfolgen kann.

Es kann geschehen, daß zwei Teilnehmer gleichzeitig versuchen, einen anderen zu rufen. In diesem Falle hat immer derjenige Teilnehmer Vorrang, der zuerst die Verbindung aufgebaut hat.

Phase 2 (Aufforderung zur Datenübertragung)

In dieser Phase wird die Gegenstelle aufgefordert, sich für den Datentransfer bereitzuhalten.

Phase 3 (Textübermittlung)

Während dieser Phase findet die DÜ statt.

Phase 4 (Beendigung der Datenübertragung)

Wenn das letzte zu übertragende Zeichen von der Empfangsstation richtig aufgenommen worden ist, wird die DÜ durch die Sendestation (Datenquelle) abgeschlossen. Die Verbindung zur Gegenstelle besteht jedoch noch weiterhin.

Phase 5 (Verbindungsabbau)

Nach Beendigung der DÜ sind gewisse abschließende Maßnahmen erforderlich, die als Verbindungsabbau bezeichnet werden. Dazu gehört das Auflösen der Verbindung in Wählnetzen oder — bei Standleitungen — der Übergang vom Betriebszustand in den Ruhezustand.

Die Phase 1 und 5 (Verbindungsaufbau und Verbindungsabbau), die sowohl softwaremäßig als auch manuell durchgeführt werden können, liegen außerhalb des Einflußbereiches einer DÜ-Prozedur und sollen daher im Rahmen dieses Buches nicht weiter abgehandelt werden.

Die Phasen 2, 3 und 4 hingegen (Aufforderung zur Datenübertragung, Textübermittlung, Beendigung der Datenübertragung) sind durch die Prozedur geregelt und werden Gegenstand einer späteren Betrachtung sein.

Aufgabe zum Abschnitt 6

(Lösungen s. Seite 212)

Aufgabe 6.1

Lösen Sie das nachfolgende Kreuzworträtsel (Bild 6.17). Der Vergleich mit der Aufgabenlösung im Anhang soll erst nach der vollständigen Lösung erfolgen. Das Nachschlagen im Buchtext hingegen ist jederzeit statthaft.

Waagerecht

1. Bezeichnung für die Form des Datenaustausches, der sowohl im On-line-Betrieb als auch im Off-line-Betrieb durchgeführt werden kann und Sendestationen für maschinell lesbare Datenträger erfordert.
11. Eines der beiden Grundelemente, auf der die Datenverarbeitung (Dv) basiert.
15. Abkürzung für eine Betriebsart, bei der die Daten immer nur in einer Richtung übertragen werden. Ein Wechseln der Datenübertragungsrichtung ist bei dieser Betriebsart nicht möglich.
16. Leitungsart, auf der die Zeichen in Form von Gleichstromsignalen übertragen werden, wobei die Übertragungsgeschwindigkeit maximal 300 bit/s betragen kann.
18. Abkürzung für Wortteil „Fernsprech" (z. B. bei Fernsprech-Netz).
19. Abkürzung für „Datenverarbeitungsanlage".
20. Signalverformung.
22. Teil einer AST, der die DÜ steuert (Abkürzung).
24. Kleinste digitale Information. Mehrere dieser Informationen bilden ein Zeichen.
27. Name eines zusammenfassenden Elementes, mit dessen Hilfe mehrere DEE an eine Fernleitung geschaltet werden können.
29. Abkürzung für „vollduplex" (duplex).
30. Abkürzung für ein Übertragungssteuerzeichen, mit dem die Textsendestation eine DÜ beendet. Dieses Übertragungssteuerzeichen ist in den 5-Bit-Codes nicht enthalten (vgl. auch 28 senkrecht).
32. DVA-seitige Übertragungssteuerung, die den Scanner beinhaltet (Abkürzung).
33. Kurzform für „Wechselbetrieb".
34. Name eines einfach belegten 6-Bit-Codes.
35. Kennbuchstabe für „Konzentrator".
36. Oberbegriff für Gerätemechanik + Geräteelektronik (Abkürzung).
37. Kurzform von „Vollduplex".
39. Ein beim Asynchronbetrieb jedem Zeichen vorangehendes Bit, das zur Herstellung des Gleichlaufes dient.
40. Weitschweifigkeit; z. B. wenn ein Code mehr Bit-Kombinationen bietet, als zur Darstellung des Zeichenvorrates notwendig sind.

Senkrecht

1. Funktionsbezeichnung für Datenquelle.
2. Andere Bezeichnung für „Übertragung".
3. Abkürzung für „Außenstelle".
4. Bestandteil einer DUET (Abkürzung).
5. Aufnahme von Zeichen.
6. Fernleitung für sehr hohe Übertragungsgeschwindigkeiten.

92

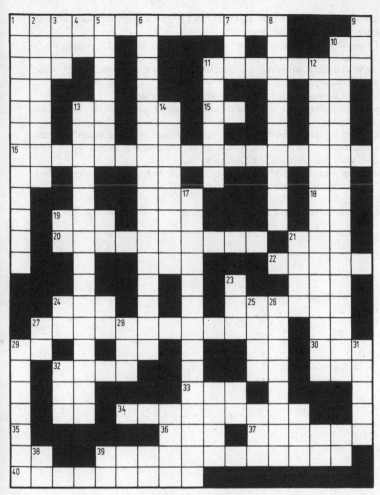

Bild 6.17. Kreuzworträtsel als Aufgabe zum Umlauf 6

7. Abkürzung des Namens eines internationalen Normengremiums, nach dem ein 7-Bit-Code benannt ist. Dieser Code ist auch unter der Bezeichnung CCITT-Code Nr. 5 bekannt.
8. Art der Zeichenübertragung über die Schnittstelle V 24.
9. Oberbegriff (Abkürzung) für DEG + DUSTA bzw. DUET + ZE.
10. Name der AST in Mehrpunkt- oder Konzentratorverbindungen.
11. Alle Teile umfassender Begriff.
12. Anwendungsgebiet für die direkte Dfv (on-line), bei der Dialogstationen zum Einsatz kommen. Es ist ein Anwendungsfall für ein Real-Time-System.
13. Verbindung, die über Vermittlungsstellen führt.
14. Sammelbegriff für alle Arten von Programmen.

93

17. Öffentliches Wählnetz, in dem maximal mit 2400 bit/s gearbeitet werden kann.
19. Abkürzung für „Datenverarbeitung".
21. Teil eines Dfv-Systems (Abkürzung des Namens), der auf der DVA-Seite die DÜ steuert und koordiniert.
23. Ein in Wählnetzen notwendige Einrichtung, die das Durchschalten der Verbindung übernimmt (Abkürzung).
25. Mittel zur Darstellung und Verschlüsselung der Zeichen.
26. Übertragungsablauf, der nach bestimmten Regeln und Vereinbarungen vonstatten geht.
28. Abkürzung für das Übertragungssteuerzeichen „end of transmission" (vgl. auch 30 waagerecht).
29. Beispiel einer Stapelstation, die Datensenke ist.
31. Öffentliches Fernschreib-Wählnetz, in dem mit der festen Übertragungsgeschwindigkeit von 50 b/s gearbeitet wird.
32. Abkürzung für „Datenfernverarbeitung".
38. Andere Bezeichnung für Rechner (Abkürzung).

7

7.1. Zusammenarbeit Datenübertragungssteuerung für Außenstellen – Datenendgerät

Das Datenendgerät (DEG) dient der Textein- oder -ausgabe,
die Datenübertragungssteuerung für Außenstellen (DUSTA) der
Steuerung des Datenverkehrs. Mehrere DEG, die sowohl Datensenke als auch Datenquelle sein können, sind an eine DUSTA anschließbar (Bild 7.1).
Das DEG besteht aus dem eigentlichen Geräteteil und der Geräteelektronik. Der Geräteteil kann ein mechanisches Gebilde sein, z. B.
ein Drucker oder eine Tastatur, er kann aber auch beispielsweise aus
dem elektronisch gesteuerten Bildschirm eines Datensichtgerätes bestehen. Die Geräteelektronik tauscht mit der DUSTA neben Textzeichen auch Zustandsmeldungen aus. Diese Meldungen geben der
Ablaufsteuerung der DUSTA Auskunft über die Arbeitsbereitschaft

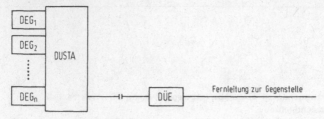

Bild 7.1. Kombinierte Datenstation

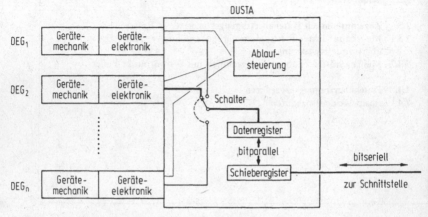

Bild 7.2. Prinzipieller Aufbau von DUSTA und DEG

des entsprechenden DEG. Damit ist die DUSTA über aufgetretene Gerätestörungen informiert. Solche Störungen können z. B. Lesefehler bei Geräten mit maschinell lesbaren Datenträgern, Papierende bei einem Drucker usw. sein. Daraus ist ersichtlich, daß DEG selbst ihre Betriebsbereitschaft überwachen.

Der in Bild 7.2 gezeigte Schalter arbeitet elektronisch. Er wird abhängig vom ausgewählten DEG von der DUSTA fest eingestellt und bildet das Verbindungsglied zwischen Datenregister und DEG. Dieser Schalter bleibt so lange in derselben Lage, bis ein zu transferierender Datenblock vollständig übertragen ist. Mehrere zu einem Text gehörende Zeichen werden vielfach bei der Übertragung zusammengefaßt und als Datenblock oder Textblock bezeichnet. Die DUSTA kann erst nach Blockende ein anderes DEG ansprechen. Daraus ist zu erkennen, daß zum selben Zeitpunkt immer nur ein DEG Daten über die DUSTA zur Fernleitung transferieren kann. Parallel zu dieser DÜ ist jedoch ein Datenaustausch innerhalb derselben Außenstelle zwischen anderen DEG möglich.

Die Ablaufsteuerung der DUSTA lenkt den Datentransfer und übernimmt dabei folgende Aufgaben:

Auswahl des gewünschten DEG,
Realisierung und Überwachung der Datenübertragungsprozedur, -
Erkennung von Übertragungsfehlern (Datensicherung),
Zeichensynchronisation,
Bitsynchronisation, die fallweise auch von der Datenübertragungseinrichtung (DÜE) übernommen werden kann.

7.1.1. Intelligente Datenstationen

Bei neueren Terminalsystemen werden mikroprogrammierte Ablaufsteuerungen bzw. Mikroprozessoren verwendet. Daraus resultiert eine große Flexibilität und Leistungsfähigkeit moderner Außenstellen wie die nachfolgenden Punkte zeigen sollen:

— Anpassungsfähigkeit an aufgabenbezogene Anwenderwünsche ohne großen hardwarenmäßigen Änderungsaufwand.

— Beliebige Gerätekombinationen möglich (Drucker, Datensichtstation, Magnetband, Lochkartengerät usw.). Bei Systemen mit Terminalkonzentrator größere Anzahl von DEG anschließbar.

— Bedienungskomfort.

— Entlastung der DVA durch Übernahme lokaler Vorverarbeitungsfunktionen wie z.B. Format- und Plausibilitätskontrollen, Codeumsetzung, Einfügen oder Weglassen bestimmter Textzeichen und dergleichen.

— Interne Betriebsbereitschaft bei gestörtem Übertragungsweg. Vielfach ist es möglich auch bei Unterbrechung der Fernleitung beschränkt weiterzuarbeiten. Es können dann noch Geschäftsvorgänge abgewickelt werden, die keinen Zugriff auf Bestandsdaten erfordern, die in der DVA abgelegt sind. Die bei diesen Geschäftsvorgängen erfaßten Daten werden zunächst in der AST auf einem am Terminal angeschlossene Floppy-Disk oder Magnetkassettenspeicher hinterlegt und dann, nach Wiederherstellung der Verbindung, zur DVA übertragen. Eine Floppy-Disk ist ein kleiner Magnet-Platten-Speicher.

Diese Merkmale einer teilweisen Eigenständigkeit führten dazu, von intelligenten Datenstationen oder intelligenten Terminals zu sprechen.

7.2. Schnittstellen

Um den Anschluß von Datenendeinrichtungen (DEE) an öffentliche oder private Übertragungswege möglichst einheitlich zu gestalten, hat das CCITT (Comité Consultatif International Télégraphique et Téléphonique) Empfehlungen zur Gestaltung von Schnittstellen herausgegeben. Die für Fernsprechnetze bestimmten Schnittstellen sind mit dem Buchstaben V, die für Digitalnetze geltenden mit dem Buchstaben X bezeichnet. Eine davon wollen wir näher betrachten.

Die bis heute bei der Datenfernverarbeitung (Dfv) gebräuchlichste Schnittstelle beruht auf der CCITT-Empfehlung V 24. Inzwischen ist diese Empfehlung weitestgehend vom Deutschen Normenausschuß unter der Bezeichnung DIN 66020 übernommen worden. Die darin enthaltenen Festlegungen bestimmen die Funktionen der die DÜE mit der DEE verbindenden Leitungen und die Eigenschaften der auf diesen Leitungen ausgetauschten Signale.

Die Schnittstelle V 24 ist für die bitserielle Übertragung digitaler Zeichen konzipiert. Daraus folgt, daß je eine Leitung den Empfangs- als auch den Sendedaten zugeordnet ist.

Neben den Datenleitungen sind DEE und DÜE noch durch mehrere Steuer- und Signalleitungen verbunden. Die Bedeutung der

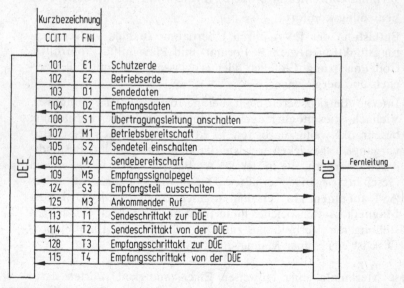

Bild 7.3. Die wichtigsten Verbindungsleitungen der Schnittstelle V 24 zwischen DEE und DÜE

wichtigsten Verbindungen wird nachfolgend und in Bild 7.3 erläutert, wobei die beigefügten Kurzbezeichnungen die Leitungskennzeichnungen nach FNI (DIN 66020) oder CCITT sind.

In den abgekürzten FNI (Fachnormenausschuß Informationsverarbeitung im deutschen Normenausschuß) — Bezeichnungen steht:

  D für Datenleitung,   S für Steuerleitung
  E für Endleitung,   T für Taktleitung.
  M für Meldeleitung,

Schutzerde E 1

Diese Leitung ist mit dem Metallgehäuse des Gerätes verbunden und dient zum Schutz des Menschen vor elektrischen Schlägen.

Betriebserde E 2

Diese Leitung ist der gemeinsame Rückleiter für alle Schnittstellenleitungen mit Ausnahme der Leitung E 1.

Sendedaten D 1

Auf dieser Leitung werden dem Sendeteil der DÜE die zu übertragenden Daten zugeführt.

Empfangsdaten D 2

Auf dieser Leitung werden der DEE die empfangenen Daten zugeführt.

Übertragungsleitung anschalten S 1

Diese Leitung steuert das An- und Abschalten der Fernleitung an die DÜE.

Sendeteil einschalten S 2

Diese Leitung steuert das An- und Ausschalten des Senders der DÜE.

Empfangsteil ausschalten S 3

Diese Leitung steuert das An- und Ausschalten des Empfängers der DÜE.

Betriebsbereitschaft M 1

Diese Leitung meldet der DEE, ob die eigene DÜE betriebsbereit ist.

Sendebereitschaft M 2

Diese Leitung zeigt an, daß genügend Zeit zur Verfügung gestanden hat, um die Verbindung zur Gegenstelle aufzubauen. Es ist eine Folge des Steuerbefehls S 2 „Sendeteil einschalten".

Ankommender Ruf M 3

Diese Leitung meldet, ob ein Rufsignal empfangen worden ist.

Empfangssignalpegel M 5

Der Ein-Zustand dieser Leitung meldet, daß das Empfangssignal einen genügend hohen Spannungspegel besitzt.

Sendeschrittakt T 1

Auf dieser Leitung wird dem Sendeteil der DÜE der Schrittakt zugeführt, wenn die Schrittakterzeugung in der DEE erfolgt.

Sendeschrittakt T 2

Auf dieser Leitung wird der DEE der Schrittakt zugeführt, wenn die Schrittakterzeugung in der DÜE erfolgt. T 2 in Funktion schließt T 1 aus und umgekehrt.

Empfangsschrittakt T 3

Über diese Leitung wird dem Empfangsteil der DÜE der Schrittakt zugeführt, wenn die Schrittakterzeugung Aufgabe der DEE ist. Die Bitsynchronisation wird immer von dem Teil einer Datenstation (DSt) durchgeführt, der auch den Schrittakt erzeugt. In diesem Falle also der DEE.

Empfangsschrittakt T 4

Auf dieser Leitung wird der DEE der Schrittakt zugeführt, wenn die Schrittakterzeugung in der DÜE geschieht. Die Bitsynchronisation ist hier Aufgabe der DÜE. T 3 schließt T 4 aus und umgekehrt.

Neben den hier besprochenen Schnittstellenleitungen gibt es noch eine Reihe anderer. Eine Zusammenstellung aller V 24-Schnittstellenleitungen finden sich auf S. 204.

Wie im vorhergehenden Umlauf gezeigt, kommen im Fe-Wählnetz „automatische Wähleinrichtungen für Datenverbindungen" (AWD) zum Einsatz (Bild 7.4). Diese AWD besitzt eine eigene Schnittstelle deren Leitungskriterien ebenfalls in der CCITT-Empfehlung V 24 definiert sind. Die Schnittstellenleitungen des zuzüglich zur AWD notwendigen Modems werden davon nicht berührt und entsprechen der in Bild 7.3 gezeigten DÜE-Schnittstelle.

Betriebserde E 22

Diese Leitung ist der gemeinsame Rückleiter für alle AWD-Schnittstellenleitungen.

Funktionsbereitschaft M 25

Der EIN-Zustand dieser Leitung meldet der DEE (DVA), daß die AWD verfügbar (betriebsbereit) ist.

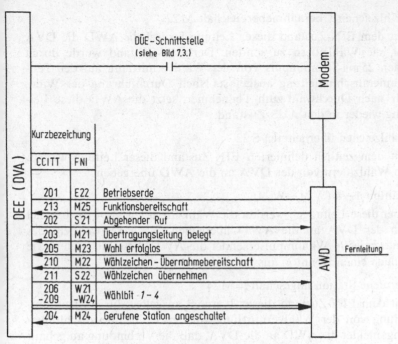

Bild 7.4. V 24-Schnittstellenleitungen zwischen AWD und DEE

Abgehender Ruf S 21

Durch den EIN-Zustand dieser Leitung signalisiert die AWD der Wählvermittlung, daß eine Wahl durchgeführt werden soll.

Übertragungsleitung belegt M 21

Mit dem EIN-Zustand dieser Leitung meldet die AWD zur DEE (DVA), daß in der Wählvermittlung (Wählamt) die Bereitschaft besteht, die Wahl durchzuführen. Der EIN-Zustand dieser Leitung wurde durch Stromveränderung auf der Teilnehmeranschlußleitung von der Wählvermittlung in der AWD verursacht.

Wahl erfolglos M 23

Mit dem EIN-Zustand dieser Leitung meldet die AWD, daß die Wählvermittlung nicht bereit ist zu wählen.

Der EIN-Zustand wurde durch Stromumpolung auf der Teilnehmeranschlußleitung von der Wählvermittlung in der AWD ausgelöst.

Mögliche Ursachen: 1. Die Leitung ist gestört und
                        2. die Leitung ist besetzt.

Wählzeichen-Übernahmebereitschaft M 22

Mit dem EIN-Zustand dieser Leitung fordert die AWD die DVA auf, die Wählziffern zu senden. Der EIN-Zustand wurde durch einen 25 ms-Stromimpuls von der Wählvermittlung auf der Teilnehmeranschlußleitung ausgelöst. Nach Durchführung der Wahl, d.h. nach Durchwahl zum Teilnehmer, setzt die AWD diese Leitung wieder in den AUS-Zustand.

Wählzeichen übernehmen S 22

Mit dem zeitlich definierten EIN-Zustand dieser Leitung werden die Wählziffern von der DVA an die AWD übergeben.

Wählbit 1—4 (W 21—W 24)

Über diese Leitungen werden die Wählziffern jeweils 4-Bit-parallel von der DVA an die AWD übergeben. Nach Umwandeln des Binärcodes in Wählimpulse sendet die AWD diese bitseriell sowie danach einen Kennton aus.

Gerufene Station angeschaltet M 24

Mit dem EIN-Zustand dieser Leitung, ausgelöst durch Stromumpolung von der Wählvermittlung auf der Teilnehmeranschlußleitung, meldet die AWD an die DVA, daß die Verbindung aufgebaut ist. Gleichzeitig setzt die AWD M 22 in den AUS-Zustand.
Die Verbindung ist aufgebaut und nun erfolgt die Umschaltung von AWD — DVA auf MODEM — DVA.

7.3. Zusammenarbeit Datenübertragungssteuerung – Puffer

Eine Datenübertragungssteuerung (DUST) bildet mit ihren Puffern (PF) eine Datenübertragungseinheit (DUET). Die DUET koordiniert auf seiten der Datenverarbeitungsanlage (DVA) den Informationsaustausch zwischen der Zentraleinheit und vielen verschiedenen Außenstellen (AST, Bild 7.5).
Bei der Koordinierung des Datenaustausches fallen DUST und PF ganz bestimmte Aufgaben zu. Diese Aufgaben können aber abhängig vom DUET-Typ unterschiedlich verteilt sein. So kann in einem Falle die Hauptarbeit der Steuerung die DUST übernehmen, bei einem anderen DUET-Typ die PF. Auch Mischformen aus diesen beiden Prinzipien sind möglich.

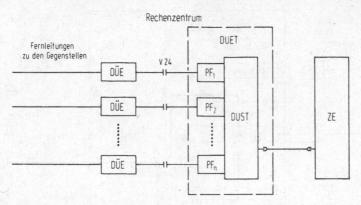

Bild 7.5. Mehrkanal-DUET als Verbindungsglied zwischen einer ZE (Rechner) und mehreren DÜE

7.3.1. Mehrkanal-Datenübertragungseinheit mit Schwerpunkt Datenübertragungssteuerung

Bei dieser DUET übernimmt die DUST den überwiegenden Teil der Steuerung. Alle dazu notwendigen Register und Datenbereiche befinden sich in der DUST (Bild 7.6).

An dieser Stelle sei noch einmal darauf hingewiesen, daß die üblichen Datenübertragungseinheiten (DUET) eine DUST enthalten, die sich ihrerseits aus Datenübertragungsprozessor (DUP) und Arbeitsspeicher (ASP) zusammensetzt.

Jedem PF ist ein eigenes Daten- und ein eigenes Schieberegister zugeordnet. Diese dienen der Zwischenspeicherung eines Zeichens und der Serien-Parallel-Umsetzung. Bei einer zeichenweisen Textausgabe übernimmt das durch den Scanner ausgewählte Datenregister ein Zeichen von der ZE, um es dann an das Schieberegister weiterzugeben. Das Schieberegister leitet seinerseits das Zeichen an den zugehörigen PF weiter. Bei einer Texteingabe nimmt das empfangene Zeichen denselben Weg in umgekehrter Richtung.

Der Datentransfer zwischen ZE und Schieberegister geht bitparallel vonstatten, vom Schieberegister in Richtung PF bitseriell. Der Scanner übernimmt die Aufgabe eines Durchschaltelementes und ist in Bild 7.6 mit zwei Ebenen dargestellt. Er ist ein ständig durchlaufender elektronischer Schalter. Die Umlaufgeschwindigkeit des Scanners ist im Verhältnis zu den meist angewandten Übertragungsgeschwindigkeiten ($\leq 9\,600$ b/s) sehr groß. Aus diesem Grunde wird der Scanner mehrere Male umlaufen, bis ein Schiebe-

103

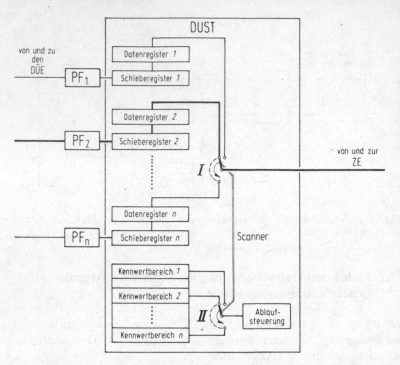

Bild 7.6. Mehrkanal-DUET, bei der die DUST die wichtigsten Register beinhaltet

register ein Zeichen Bit für Bit vom PF übernommen oder an ihn abgegeben hat.

Während also die Schieberegister mit der Übertragung je eines Zeichens beschäftigt sind, kann die ZE mit Hilfe des Scanners die einzelnen Datenregister abfragen. Hat ein Datenregister ein vom Schieberegister erhaltenes Zeichen zwischengespeichert, so wird es von der ZE abgeholt (Texteingabe). Hat ein Datenregister ein Zeichen an das Schieberegister abgegeben, so ist es frei, das nächste auszusendende Zeichen von der ZE zu übernehmen (Textausgabe). Während ein Schieberegister tätig ist, kann das zugehörige Datenregister ohne weiteres umgeladen werden. Die kontinuierliche Bitfolge auf der Fernleitung wird dadurch nicht beeinträchtigt.

Das zeigt, daß diese technische Konzeption das gleichzeitige Arbeiten (Simultanarbeit) der angeschlossenen AST gestattet.

Die Darstellung der zeichenweisen Übergabe der Nachricht von und zur ZE gilt prinzipiell auch für die blockweise Übergabe. Der wesentliche Unterschied liegt nur im „Sammeln" der Zeichen im ASP der DUET bevor eine Übergabe stattfindet.

Bei einer Mehrkanal-DUET, bei der die Hauptarbeit die DUST übernimmt, hat der PF im wesentlichen die Aufgabe, ein einziges Bit zwischenzuspeichern. Solange ein bestimmtes Bit im PF steht, solange wird bei einer Textausgabe dieses Bit ausgesendet. Der Zeitraum von Bitübernahme zu Bitübernahme wird vom Schrittakt bestimmt und ist abhängig von der gewählten Übertragungsgeschwindigkeit.

Die Ablaufsteuerung (das im DUP laufende Programm) dient der Abwicklung und Überwachung der Datenübertragung (DÜ). Da sie unterschiedlich arbeitende AST bedient, muß sie mit den für die entsprechenden AST charakteristischen Kennwerten versorgt werden. Dazu zählen beispielsweise die Steuerung der Prozedur, Informationen über das zu verwendende Synchronisationsverfahren, über das Datensicherungsverfahren, über den Code, ob es sich um eine Texteingabe oder eine Textausgabe handelt usw. Diese Kenndaten werden softwaremäßig von der Zentraleinheit (ZE) in die entsprechenden Kennwertbereiche geladen.

Da die Kennwerte von AST zu AST verschieden sein können, ist jedem PF ein eigener Kennwertbereich (im ASP der DUET) zugeordnet. Abhängig von der Scannerstellung werden die Kennwertbereiche nacheinander mit der Ablaufsteuerung verbunden. Dies ist notwendig, weil allen PF eine einzige gemeinsame Ablaufsteuerung gegenübersteht. Die zyklische Zuordnung von Kennwertbereich zur Ablaufsteuerung geschieht durch die Scanner-Schaltebene II, die parallel mit der Schaltebene I durchläuft (Bild 7.5). Damit stehen der Ablaufsteuerung immer die Kennwerte derjenigen AST zur Verfügung die sie gerade bedient.

Bild 7.6 zeigt als Beispiel den Scanner in Stellung 2. Zu diesem Zeitpunkt wird das Datenregister 2, das Schieberegister 2 und der dazugehörige PF 2 über die Scanner-Schaltebene I angesteuert. Gleichzeitig stehen der Ablaufsteuerung die Kenndaten für die am PF 2 angeschlossene AST zur Verfügung. Es sind die Daten des Kennwertbereiches 2.

7.3.2. Mehrkanal-Datenübertragungseinheit mit Schwerpunkt Puffer

Bei dieser DUET übernehmen die PF den überwiegenden Teil der Steuerung. Die DUST beinhaltet im wesentlichen nur den Scanner. Alle anderen unter 7.3.1 beschriebenen Elemente sind Bestandteil jedes einzelnen PF, oder werden zumindest von den Puffern verwaltet. Der PF hat direkten Zugriff zu einem ihm zugeordneten Ein-Ausgabebereich im ASP der DUST.

105

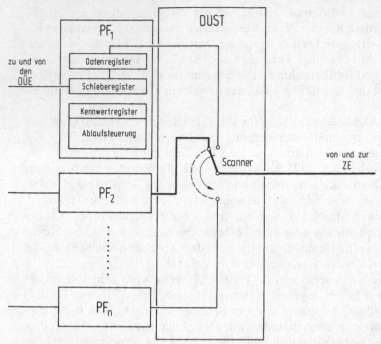

Bild 7.7. Mehrkanal-DUET, bei der jeder PF über eine eigene Ablaufsteuerung verfügt und die wichtigsten Register beinhaltet

Beachtenswert ist, daß hier im Gegensatz zu der in Bild 7.6 gezeigten DUET, jeder PF eine eigene Ablaufsteuerung besitzt (Bild 7.7). Damit ist der PF wesentlich selbständiger. Das kann soweit geführt werden, daß der PF die Prozedur (oder Teile davon) selbständig durchführt. Eine kurzzeitige Bedienung durch den Scanner ist nur dann notwendig, wenn eine Information (Meldung oder Zeichen) mit der DUST ausgetauscht werden soll. Das Aussenden oder Empfangen eines Zeichens durch das Schieberegister geht unabhängig vom Scanner vonstatten.

7.4. Datenübertragungsprozeduren

Eine Prozedur regelt den zeitlichen Ablauf und das Betriebsverfahren der DÜ und umfaßt die Phasen

Aufforderung zur Datenübertragung,
Textübermittlung,
Beendigung der Datenübertragung.

Die Durchführung und Überwachung der Prozedurvereinbarungen übernimmt AST-seitig die DUSTA. DVA-seitig sind zwei unterschiedliche Varianten zur Realisierung der Übertragungsprozedur gebräuchlich. Bei der einen Variante wird eine programmierbare DUET eingesetzt, die softwaremäßig die Übertragung steuert. In diesem Falle ist die ZE von der Realisierung der Prozedur befreit. Seltener ist eine alte Variante anzutreffen, bei der die DUET nicht programmierbar ist und folgedessen die ZE gezwungenermaßen die Prozedur realisieren muß.

Der erstgenannten programmierbaren DUET-Art, die mit Abstand wichtigste, sollen die weiteren Ausführungen dienen. Hier wird DVA-seitig die Prozedur durch das in der DUET gespeicherte Leitungsprogramm verwirklicht.

Die Aufgaben sind wie folgt verteilt:

DUET

Realisierung der Datenübertragungsprozedur per Programm (Bild 7.8). Die meisten der von den AST eintreffenden Steuerzeichen werden vom Puffer an die DUST weitergemeldet, die dann softwaremäßig die erforderlichen Entscheidungen trifft. Die eigentliche Verwirklichung der benutzten Prozeduren wird innerhalb der DUST von einem Datenübertragungsprogramm übernommen. Dieses setzt sich seinerseits meist aus mehreren Leitungsprogrammen zusammen. Deshalb kann man auch mit unterschiedlichen Prozeduren arbeitende Datenstationen an eine DUET anschließen. Ein bestimmtes Leitungsprogramm ist auf eine bestimmte DÜ-Prozedur zugeschnitten. Daraus folgt, daß verschiedene Prozeduren auch unterschiedliche Leitungsprogramme erfordern.

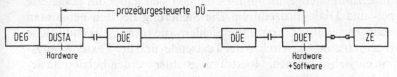

Bild 7.8. Software- und hardwaremäßige Realisierung einer DÜ-Prozedur

Ebenso realisiert die DUET die zeitliche Überwachung der Prozedurabläufe sowie Steuerzeichenerkennung. Herstellen des Gleichlaufes bei einer Texteingabe und Hinzufügen von Synchronisierzeichen (SYN) im Synchronbetrieb bei einer Textausgabe. Datensicherung.

DUSTA

Hardwaremäßige Gesamtrealisierung der Datenübertragungsprozedur.

ZE

Textaufnahme, Datenverarbeitung, Textausgabe.

Dank international genormter Prozedurvereinbarungen ist die Zusammenarbeit der Produkte verschiedener Hersteller, auch über Ländergrenzen hinweg, möglich. International genormt sind die gesicherten Stapel- und Dialogprozeduren. Sie stellen eine der drei bereits unter 5.4.1 kurz behandelten Prozedurgruppen dar (Bild 7.9).

Bild 7.9. Die drei wichtigsten Prozedurgruppen

Die gesicherten Stapel- und Dialogprozeduren umfassen die HDLC (High Level Data Link Control) — Prozedur und die Basic-Mode-Prozeduren.

7.4.1. Basic-Mode-Prozeduren

Bei der DÜ kommen verschiedene Prozeduren zur Anwendung, von denen die wichtigsten in einer Prozedurfamilie, der Basic-Mode-Familie, zusammengefaßt sind. Es handelt sich dabei um gesicherte Stapel- und Dialogprozeduren. Die Sicherung bei den genannten Prozeduren erfaßt Übertragungsfehler, die durch irgendwelche Störbeeinflussungen zwischen der Textsende- und der Textempfangs-station entstehen können. Übertragungsfehler werden bei den Basic-Mode-Prozeduren automatisch korrigiert.

Die Basic-Mode-Familie beinhaltet vier Datenübertragungsprozeduren:

LSV 1, LSV 2, MSV 1 und MSV 2.

Die ersten beiden Buchstaben der Prozedurkurzbezeichnung geben Auskunft über die Übertragungsgeschwindigkeit und sind zudem noch kennzeichnend für das angewandte Gleichlaufverfahren. LS

Prozeduren mit dieser Bezeichnung sind für den Asynchronbetrieb
ist die Abkürzung für „low speed" (langsame Geschwindigkeit).
bei Übertragungsgeschwindigkeiten von 200 bis 2400 bit/s geeignet. MS ist die Abkürzung für „medium speed" (mittlere Geschwindigkeit) und für Synchronübertragungen ab 600 bit/s ge-
dacht:

    LS → Asynchronbetrieb,
    MS → Synchronbetrieb.

Nach den ersten beiden Kennbuchstaben erfolgt die Bezeichnung
der Prozedurvariante (V 1 oder V 2).

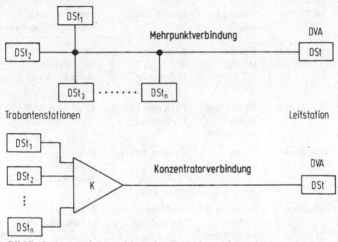

Bild 7.10. Anwendungsgebiete der Prozedurvariante 1

Die Variante 1 wird nur bei Standleitungen angewandt. Die Be-
rechtigung, eine DÜ einzuleiten, hat bei dieser Prozedurvariante nur
die sog. Leitstation (Control Station), eine DVA. Alle an diese Leitstation (DVA) angeschlossenen AST werden als Trabantenstationen
(Tributary Stations) bezeichnet. Diese können nur mit der Leitstation Daten austauschen. Alle Netzkonfigurationen sind bei der
Variante 1 zwar zulässig, ihr Einsatz jedoch ist nur bei Mehrpunkt-
und Konzentratorverbindungen sinnvoll (Bild 7.10).
Die Variante 2 (V 2) der Basic-Mode-Prozeduren ist sowohl bei
Stand- als auch bei Wählverbindungen einsetzbar, jedoch nur für
den Punkt-zu-Punkt-Verkehr geeignet (Bild 7.11). Bei ihr sind alle
DSt gleichberechtigt und in der Lage, eine DÜ einzuleiten. Die
textsendende Station wird „Master Station", die textempfangende
Station „Slave Station" genannt.

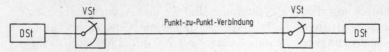

Bild 7.11. Anwendungsgebiet der Prozedurvariante 2

Tabelle 7.1 gibt die Eigenschaften und Merkmale der einzelnen Basic-Mode-Prozeduren wieder.

Tabelle 7.1. Merkmale der Basic-Mode-Prozeduren

Prozedur	Gleichlauf-verfahren	Über-tragungs-weg	Netz-konfiguration	Berechtigung zur Einleitung der Datenübertragung
LSV 1	asynchron	Stand-leitung	Konzentrator-und Mehrpunkt-verbindungen	DVA (Initiative beim Rechner)
LSV 2	asynchron	Stand- und Wähl-verbindung	Punkt-zu-Punkt-Verbindung	DVA und AST (Textsendestation)
MSV 1	synchron	Stand-leitung	Konzentrator-und Mehrpunkt-verbindung	DVA (Initiative beim Rechner)
MSV 2	synchron	Stand- und Wähl-verbindung	Punkt-zu-Punkt-Verbindung	DVA und AST (Textsendestation)

Abhängig vom jeweiligen Anwendungsfall werden die Daten in Form von Zeichenfolgen beliebiger Länge transferiert. Eine frei wählbare Anzahl von Zeichen bilden dabei einen Datenblock. Der Anfang eines Blockes ist durch das Blockanfangszeichen, das Blockende durch ein Endezeichen markiert.

Die 6-Bit-, 7-Bit- und 8-Bit-Codes beinhalten Übertragungssteuerzeichen, zu denen auch die Blockbegrenzungszeichen zählen (Bild 7.12). Das Blockanfangszeichen ist STX (start of text), das Blockendezeichen ETB (end of transmission block).

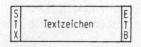

Bild 7.12. Datenblock (Textblock)

Bei den 5-Bit-Codes, die ohnedies bei den Basic-Mode-Prozeduren nicht angewandt werden, müssen Übertragungssteuerzeichen durch verschiedene Zeichenkombinationen realisiert werden.

STX und ETB sind zwei von insgesamt zehn international festgelegten Datenübertragungssteuerzeichen. In manchen Codetabellen sind sie zusätzlich mit TC1 bis TC10 durchnumeriert. TC ist die Abkürzung für „Transmission Control Character" (Übertragungssteuerzeichen). Diesen Steuerzeichen kommt bei der Datenübermittlung besondere Bedeutung zu, um z. B. die Begrenzung eines Textes zu kennzeichnen, Fragen zu stellen, Antworten zu geben, die Übertragung zu beenden usw.

Handelt es sich bei dem übertragenen Block um einen Einzelblock oder um den letzten einer Blockfolge, so wird er mit ETX (end of text) abgeschlossen (Bild 7.13).

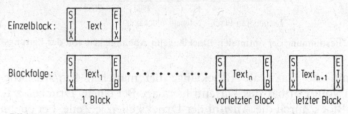

Bild 7.13. Abschluß des letzten zu übertragenden Blockes mit ETX

Tritt bei der Übertragung eines Datenblockes ein Fehler auf, so wird bei den Basic-Mode-Prozeduren der fehlerhafte Block wiederholt. Die Länge der einzelnen Datenblöcke hängt weitgehend von der Störanfälligkeit des Übertragungsweges ab. Ist nämlich die Anzahl der Störungen so groß, daß fast jeder Block wiederholt werden muß, so ist die verwertbare übertragene Information gering. Im Extremfall, wenn jeder übertragene Datenblock fehlerbehaftet ist, wird die verwertbare Datenübertragung blockiert, weil die Sendestation nach viermaligem erfolglosen Versuch, ein und denselben Block zu übertragen, von sich aus die DÜ abbricht. Eine Verkleinerung der Blöcke bringt Abhilfe, weil dadurch die Wahrscheinlichkeit, daß Fehler innerhalb eines Blockes auftreten herabgesetzt wird.

Der Kurvenverlauf in Bild 7.14 soll die Tendenz der optimalen Blocklänge, abhängig von der Störanfälligkeit des Übertragungsweges zeigen.

Andere von der Übertragungssicherheit der Fernleitung unabhängige Kriterien zur Blocklängenfestlegung sind Formatgründe.

111

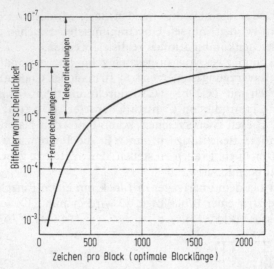

Bild 7.14. Bestimmung der optimalen Blocklänge in Abhängigkeit von der Leitungs-
güte

So hängt die maximale Blocklänge bei manchen Ein/Ausgabe-
geräten vom Format des Datenträgers ab. Bei einem Drucker z.B.
ist der Block durch die Anzahl der Druckstellen je Zeile, bei einem
Lochkartengerät durch die Anzahl der Lochkartenspalten begrenzt.
Die Normallochkarte hat 80 Spalten, wovon jede Spalte ein Zeichen
aufnehmen kann.

Aufgaben zum Abschnitt 7
(Lösungen s. Seite 212)

Aufgabe 7.1
Welche DIN-Kurzbezeichnung hat die V24-Schnittstellenleitung, über die die eintreffenden Zeichen der DEE zugeleitet werden?

Aufgabe 7.2
Über welche V24-Schnittstellenleitung erhält die DÜE die auszusendenden Daten?
Die entsprechende CCITT-Kurzbezeichnung ist anzugeben.

Aufgabe 7.3
An einer DUSTA seien mehrere DEG angeschlossen. Wie viele dieser DEG können
gleichzeitig über die DUSTA Daten senden oder empfangen?

Aufgabe 7.4
An einer DUET mit Schwerpunkt DUST seien 48 PF anschließbar. Wie viele
Daten- und Schieberegister, wie viele Kennwertbereiche und wie viele Ablaufsteue-
rungen beinhaltet diese DUST?

Aufgabe 7.5

Eine DUET, die im wesentlichen nur den Scanner beinhaltet (DUET mit Schwerpunkt PF), habe 30 PF. Wie viele Ablaufsteuerungen beinhaltet diese DUET?

Aufgabe 7.6

Bild 7.15 ist zu vervollständigen!

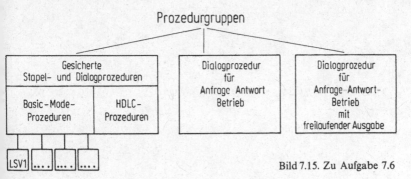

Bild 7.15. Zu Aufgabe 7.6

Aufgabe 7.7

Welche Basic-Mode-Prozeduren sind für den Synchronbetrieb und welche für den Asynchronbetrieb geschaffen?

Aufgabe 7.8

Tabelle 7.2 ist zu vervollständigen!

Tabelle 7.2. Zu Aufgabe 7.8

| | Basic-Mode-Prozeduren | |
	Variante 1	Variante 2
Berechtigung zur Einleitung einer DÜ (Initiative)	. . . (Leitstation)	DVA und AST (. . . . .)
Netzkonfiguration	Konzentrator- und	. . . . . -. .-. . . . .- Verbindung

Aufgabe 7.9

Anfang und Ende eines Datenblockes sind durch Übertragungssteuerzeichen gekennzeichnet. Wie lautet bei den 6-Bit-, 7-Bit- und 8-Bit-Codes

  das Blockanfangszeichen,
  das Blockendezeichen, wenn diesem Block noch weitere Datenblöcke folgen,
  das Textendezeichen, wenn es sich um den letzten Datenblock handelt?

Aufgabe 7.10

Füllen Sie in der folgenden Regel die Textlücke aus: „Je sicherer ein Übertragungsweg ist, desto . . . . . . können die Datenblöcke sein."

113

8

8.1. Datensicherung

Bei der Erfassung und Übertragung von Daten in Datenfern-
verarbeitungs-(Dfv-)Systemen können aus verschiedenen Gründen
Verfälschungen der Informationen vorkommen. Kontrollmaßnahmen zur Erkennung und Korrektur von Fehlern sind daher
notwendig.

Jedes Glied eines Informationsweges bildet dabei eine mögliche
Fehlerquelle (Bild 8.1):

    der Mensch,
    der Datenträger,
    die Datenerfassungs- und Datenendgeräte,
    die Datenübertragungseinrichtungen,
    der Übertragungsweg,
    die Datenübertragungseinheit,
    der Rechner.

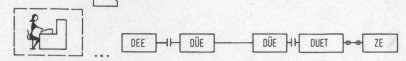

Bild 8.1. Mögliche Fehlerquellen

In einer Kette von Fehlerquellen bestimmt diejenige mit der größten Fehlerhäufigkeit weitestgehend die Gesamtfehlerhäufigkeit. Mit anderen Worten: Das schwächste Glied der Kette bestimmt die Güte des Systems. Das mit Abstand schwächste Glied ist der Mensch, der die Daten erstellt und eingibt, der die Einrichtungen entlang des Datenweges und im Rechenzentrum bedient oder schließlich das Ergebnis verwertet.

Einen Überblick über die Restfehlerwahrscheinlichkeiten der einzelnen Fehlerquellen vermittelt Tabelle 8.1. Unter Restfehlerwahrscheinlichkeit ist die Wahrscheinlichkeit zu verstehen, daß eine Datenverfälschung nicht erkannt wird.

Die Tabelle zeigt eine Gegenüberstellung der relativen Restfehlerwahrscheinlichkeiten. Die angegebenen Werte sind Richtwerte. Nach der als Fehlerquelle vernachlässigbaren Datenendeinrichtung (DEE) auf seiten der Datenverarbeitungsanlage (DVA) ist die DEE der Außenstelle (AST) der störunanfälligste Teil eines Dfv-Systems. Daher ist der AST-seitigen DEE für den gesicherten (kontrollierten) Betrieb der Faktor 1 willkürlich zugeordnet worden. Diese DEE dient somit als Vergleich für alle anderen Teile des Dfv-Systems (Vergleichsbasis 1).

Tabelle 8.1. Restfehlerwahrscheinlichkeiten bei der DÜ

Fehlerquelle	Relative Restfehlerwahrscheinlichkeit	
	bei ungesichertem Betrieb	bei gesichertem Betrieb
Mensch	500 000	10 000
DÜE einschließlich Übertragungsweg	1 000 (leitungsabhängig)	kein Erfahrungswert
DEE (AST-seitig)	100	1
DEE (DVA-seitig)	kein Erfahrungswert	Restfehlerwahrscheinlichkeit vernachlässigbar. Wesentlich niedriger als bei anderen Fehlerquellen

116

Die Tabelle zeigt, daß der Mensch — selbst bei gesichertem Betrieb — annähernd 10000 unerkannte Fehler macht, bevor der AST-seitigen DEE unter denselben Voraussetzungen ein Fehler unterläuft, der nicht entdeckt wird. Diese Restfehlergegenüberstellung macht ersichtlich, daß es sinnlos ist, die Datensicherung bei den technischen Fehlerquellen mit großem finanziellen Aufwand extrem zu verbessern, solange der Mensch als größte Fehlerquelle nicht auszuschalten ist.

Der Tabelle kann ferner entnommen werden, daß Geräte, die auch mechanische Arbeiten verrichten (Lochkartengeräte, Drucker usw.), störanfälliger sind als rein elektronisch arbeitende. Dies ist daraus ersichtlich, daß die Restfehlerwahrscheinlichkeit der DVA-seitigen DEE (VR und ZE) gegenüber der AST-seitigen Datenübertragungssteuerung (DUSTA) und Datenendgerät (DEG) vernachlässigbar ist. Die Nichterkennung eines Zeichenfehlers ist bei DEE, die mit einer Gerätemechanik ausgestattet sind, wahrscheinlicher als bei einer DUET oder einer ZE.

Um die Anzahl der unentdeckten Fehler — und damit die Restfehlerwahrscheinlichkeit — in vertretbaren Grenzen zu halten, sind Datensicherungsmaßnahmen notwendig. Darunter sind jene Maßnahmen zu verstehen, die der Fehlererkennung und der Fehlerkorrektur dienen. Dabei kann zwischen organisatorischen, hardwaremäßigen oder softwaremäßigen Datensicherungsmaßnahmen unterschieden werden. Vielfach sind auch Mischformen aus diesen drei Komponenten anzutreffen. So gibt es z.B. hardwaremäßige Datensicherungsverfahren, die durch die Software abgestützt werden und umgekehrt.

Die absolute Restfehlerwahrscheinlichkeit eines Dfv-Systems (Datenstationen mit Übertragungsstrecken) liegt bei den z.Zt. üblichen automatischen Datensicherungsmethoden in der Größenordnung von $10^{-6} \dots 10^{-8}$. Mit anderen Worten: Trotz Datensicherung besteht die Wahrscheinlichkeit, daß sich unter 1000000 bis 100000000 Bits ein nicht entdecktes verfälschtes Bit befindet und daher zur unerkannten Verfälschung eines Zeichens führt. Diese Zahlenangaben werden anschaulicher, wenn man sich vor Augen hält, daß der Mittelwert von 50000000 Bits bei einem 7-Bit-Code rund 7000000 Zeichen ergibt. 7000000 Zeichen sind auf etwa 3500 Schreibmaschinenseiten (DIN A4) unterzubringen, sofern die Seiten voll beschrieben sind.

In DÜ-Systemen spielen neben den Übertragungsfehlern auch Bedienungsfehler eine nicht unbedeutende Rolle. Dies ist darauf zurückzuführen, daß von Datenendplätzen aus von meist weniger

Dv-erfahrenem Personal in die Verarbeitungsabläufe eingegriffen wird.

8.1.1. Datensicherung bei der Datenerfassung

Der größte Teil der Fehler entsteht bei der Dateneingabe über eine Tastatur. Die Fehlerhäufigkeit hängt dabei von der Art der einzugebenden Zeichen und der Tastaturart ab.

A. Mitschreiben von Klartext

Bei der Erfassung werden die eingetasteten Daten auf dem Datenträger selbst oder einer parallel mitlaufenden Papierbahn visuell lesbar aufgezeichnet. Das heißt, daß beispielsweise beim Ablochen einer Lochkarte am oberen Kartenrand der eingetippte Text als Klartext mitabgedruckt werden kann. Ähnlich verhält es sich bei vielen anderen Datenträgern. Fehler werden bei gleichzeitigem Mitlesen oder anschließendem Korrekturlesen erkannt.

B. Automatischer Datenvergleich

Durch zwei verschiedene Personen werden dieselben Daten eingetastet. Anschließend erfolgt ein maschineller Vergleich der beiden Datenfelder.
Mit derartigen Verfahren sind Ergebnisse zu erzielen, bei denen im ungünstigsten Fall unter 5000 Zeichen ein unerkanntes falsches Zeichen ist. Diese absolute Restfehlerwahrscheinlichkeit ist noch zu groß. Es ist jedoch zu beachten, daß weitere Methoden, die auf der logischen Erkennung von Fehlern basieren (Plausibilitätskontrollen), die Restfehlerwahrscheinlichkeit zusätzlich herabsetzen.

8.1.2. Datensicherung bei Datenendgeräten

Die Informationsüberwachung in den Ein- oder Ausgabeelementen (DEG) wird von diesen selbst hardwaremäßig durchgeführt. Bei Eingabestationen z. B. kann eine zu lesende Information zweimal abgetastet und dann verglichen werden. Nur bei positivem Vergleichsergebnis wird die gelesene Information zur Übertragung freigegeben. Stimmen die Informationen nicht überein, so führt dies zu einer Fehleranzeige. Ähnliche Kontrollen besitzen auch die Ausgabegeräte, bei denen beispielsweise gestanzte Informationen maschinell kontrollgelesen werden.

8.2. Datensicherung auf dem Übertragungsweg

Die Datensicherung zwischen DEE und DEE ist eine der Aufgaben, die bei gesicherter Übertragung die Prozedur wahrnimmt. Das Prinzip dieser Sicherung besteht darin, daß den übertragenen Daten eine 'nach bestimmten Regeln gebildete Zusatzinformation (Redundanz) hinzugefügt wird, mit deren Hilfe auf der Empfangsseite festgestellt werden kann, ob die Daten richtig empfangen worden sind. Diese Zusatzinformation kann den Daten als zeichenweise Paritätsergänzung (Paritätsbit) oder als blockweise Prüfinformation beigefügt werden. Bei der blockweisen Datensicherung wird die Zusatzinformation als sogenanntes Blockprüfzeichen BCC (block check character) am Blockende mitausgesendet (Bild 8.2).

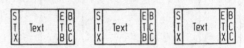

Bild 8.2. Anfügen des Blockprüfzeichens (BCC)

Um die bei der DÜ aufgetretenen Datenverfälschungen erkennen zu können, werden hauptsächlich folgende hardwaremäßigen Kontrollmaßnahmen angewendet:

  zeichenweise Informationssicherung,
  blockweise Informationssicherung,
  zeichenweise und blockweise Informationssicherung
    (Kreuzsicherung),
  zyklische Blocksicherung.

Die Wahl der Sicherungsart hängt vielfach von der verwendeten Datenstation (Terminal, DSt) ab. Die Basic-Mode-Prozeduren benutzen die Kreuzsicherung oder die zyklische Blocksicherung. Andere weit weniger wirkungsvolle Sicherungsverfahren sind die mehrmalige Übertragung desselben Textes mit anschließendem Vergleich oder die Verwendung eines Fehlererkennungscodes (z.B. Ziffernsicherungscode).

8.2.1. Zeichenweise Informationssicherung

Bei der zeichenweisen Informationssicherung wird jedem zu übertragenden Zeichen ein Paritätsbit (Parity-Bit) hinzugefügt. Mit

119

Hilfe des Paritätsbits wird die Summe der „1"-Bits eines Zeichens — je nach Vereinbarung — auf gerade oder ungerade Parität ergänzt. Diese zeichenbezogene Parität nennt man Zeichen- oder Querparität.
Bild 8.3 zeigt die Ergänzung auf ungerade bzw. gerade Parität für Zeichen des 7-Bit-Codes.

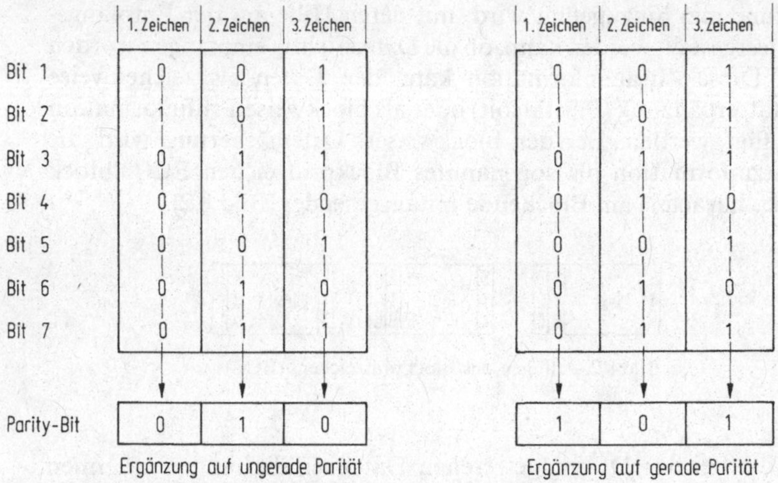

	1. Zeichen	2. Zeichen	3. Zeichen		1. Zeichen	2. Zeichen	3. Zeichen
Bit 1	0	0	1		0	0	1
Bit 2	1	0	1		1	0	1
Bit 3	0	1	1		0	1	1
Bit 4	0	1	0		0	1	0
Bit 5	0	0	1		0	0	1
Bit 6	0	1	0		0	1	0
Bit 7	0	1	1		0	1	1
Parity-Bit	0	1	0		1	0	1
	Ergänzung auf ungerade Parität				Ergänzung auf gerade Parität		

Bild 8.3. Quer- oder Zeichenparität

Mit Hilfe der Zeichenparität kann von der Empfangsstation der Verlust oder das Vortäuschen eines Zeichenbits infolge eines Störimpulses erkannt werden, weil die Quersumme der Bits eines gerade eingelaufenen Zeichens nicht mehr mit der verabredeten Querparität übereinstimmt.
Meist wird die Ergänzung auf ungerade Querparität angewendet.

8.2.2. Blockweise Informationssicherung

Eine andere Kontrollmaßnahme bildet die Längsparitätskontrolle. Hierbei wird die Paritätskontrolle nicht zeichenweise, sondern blockweise durchgeführt. Es werden von der Sendestation die gleichwertigen Bitstellen aller dem STX-Zeichen folgenden Informationen — einschließlich des Blockendezeichens (ETB oder ETX) — verglichen und auf die verabredete Längsparität ergänzt. Diese Ergänzung wird in einem eigenen Sicherungszeichen, dem Blockprüfzeichen (BCC), vorgenommen.

120

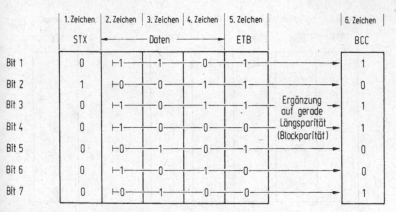

Bild 8.4. Längs- oder Blockparität

Bild 8.4 veranschaulicht die Bildung des BCC. Dem Beispiel ist der ISO-7-Bit-Code (CCITT Nr. 5) und eine Ergänzung auf gerade Längsparität zugrunde gelegt. Es ist zu beachten, daß das STX-Zeichen nicht zur Bildung der Längsparität herangezogen wird.

8.2.3. Kreuzsicherung

Bei der Kreuzsicherung wird sowohl von der zeichenweisen als auch von der blockweisen Informationssicherung Gebrauch gemacht.

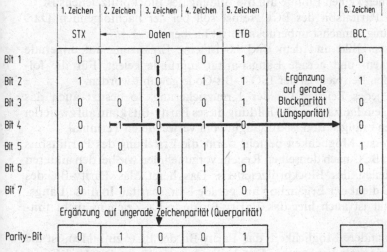

Bild 8.5. Längs- und Querparität

121

	1. Zeichen	2. Zeichen	3. Zeichen	4. Zeichen	5. Zeichen		6. Zeichen
	STX	← — —Daten —— —→			ETB		BCC
Bit 1	0	1	0	0	1		0
Bit 2	1	1	0	1	1		1
Bit 3	0	0	1	0	1		0
Bit 4	0	1	0	1	0		0
Bit 5	0	0	1	1	1		1
Bit 6	0	0	1	1	0		0
Bit 7	0	1	0	1	0		0
Parity-Bit	0	├1——0——0——1——————→					0

Bild 8.6. Kreuzsicherung mit BCC, das in seiner Gesamtheit den Datenblock auf gerade Längsparität ergänzt

Durch die gleichzeitige Anwendung dieser beiden Kontrollverfahren wird die Erkennung eines Übertragungsfehlers wesentlich erleichtert.

Die Blocksicherung mit Quer- und Längsparität ist — bildlich gesehen — eine über Kreuz arbeitende Paritätskontrolle. Deshalb wird sie Kreuzsicherung genannt.

Wie Bild 8.5 zeigt, nimmt auch bei der Kreuzsicherung das STX-Zeichen keinen Einfluß auf die Bildung des Blockprüfzeichens BCC. Das Paritätsbit des BCC selbst soll bei der nachfolgenden Darstellung zunächst unberücksichtigt bleiben.

Diesem Bild und dem Bild 8.6 ist eine Ergänzung auf ungerade Zeichen- und gerade Längsparität zugrunde gelegt. Für die folgenden Beispiele ist der ISO-7-Bit-Code gewählt worden.

Wie jedes Zeichen bei der Kreuzsicherung, so besitzt auch das BCC ein Paritätsbit. Die Bildung dieses Parity-Bits kann auf zweierlei Arten erfolgen und ist abhängig vom verwendeten Terminal.

Die erste Möglichkeit besteht darin, die Erstellung des Paritätsbits beim BCC nach denselben Regeln vorzunehmen wie bei den anderen Bitstellen des Blockprüfzeichens. Das heißt, das Parity-Bit des BCC dient der Ergänzung auf gerade Längsparität. In diese Längsparität ist auch hier das Parity-Bit des STX-Zeichens nicht miteinbezogen.

Eine andere Möglichkeit, das Parity-Bit des BCC zu bilden, ist die Querparitäts-Ergänzung. Das heißt, daß das Parity-Bit des BCC in

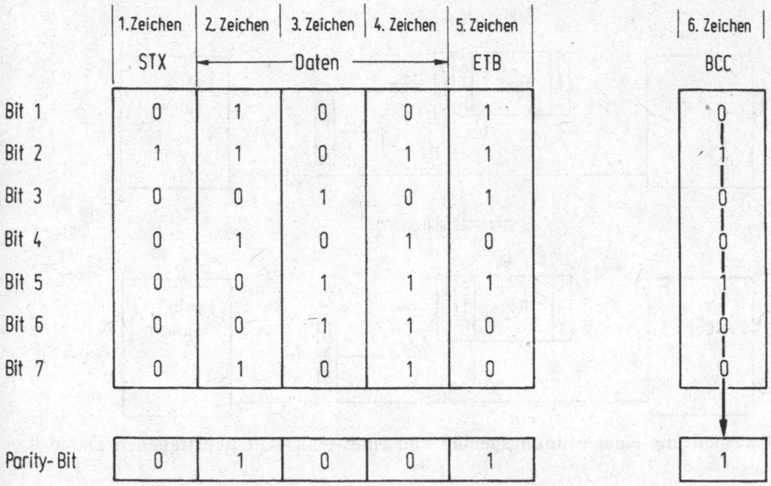

| | 1. Zeichen | 2. Zeichen | 3. Zeichen | 4. Zeichen | 5. Zeichen | | 6. Zeichen |
	STX	◄──────	Daten	──────►	ETB		BCC
Bit 1	0	1	0	0	1		0
Bit 2	1	1	0	1	1		1
Bit 3	0	0	1	0	1		0
Bit 4	0	1	0	1	0		0
Bit 5	0	0	1	1	1		1
Bit 6	0	0	1	1	0		0
Bit 7	0	1	0	1	0		0
Parity-Bit	0	1	0	0	1		1

Bild 8.7. Kreuzsicherung, wobei alle Parity-Bits zeichenweise gebildet werden

gleicher Weise erstellt wird wie bei allen anderen Zeichen (Bild 8.7). Den gezeigten Beispielen hat der ISO-7-Bit-Code (CCITT Nr. 5) zugrunde gelegen. Kreuzsicherungen sind aber nicht nur bei diesem Code, sondern bei allen 6-Bit-, 7-Bit- und 8-Bit-Codes einsetzbar.

Im folgenden sollen Sinn und Auswertung eines Blockprüfzeichens veranschaulicht werden.

Bei den Basic-Mode-Prozeduren wird die Datensicherung bei der Übertragung eines Blockes verwirklicht, indem die Sendestation automatisch aus den zu übertragenden Informationen ein BCC bildet. Dieses wird nach dem Blockendezeichen (ETB oder ETX) zur Empfangsstation übertragen.

Die Empfangsstation erstellt nach denselben Regeln aus den erhaltenen Informationen ebenfalls ein BCC und vergleicht es mit dem empfangenen. Da zur Bildung des BCC in der Sendestation und in der Empfangsstation derselbe Datenblock zur Verfügung gestanden hat, müßten — sofern kein Übertragungsfehler aufgetreten ist — die beiden BCC identisch sein. Abhängig vom Vergleichsergebnis antwortet die Empfangsstation mit der „Gut"-Quittung „acknowledgement" (ACK) oder der „Schlecht"-Quittung „negativ acknowledgement" (NAK, Bild 8.8). Mit NAK wird quittiert, wenn das von der Sendestation erhaltene BCC nicht mit dem in der Empfangsstation gebildeten übereinstimmt.

Neben ungleichen BCC kann auch ein Querparitätsfehler irgendeines Zeichens zur „Schlecht"-Quittung NAK führen. Bei Auftreten eines

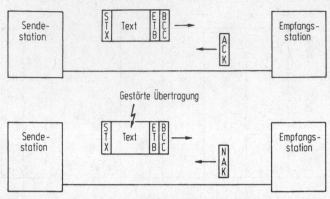

Bild 8.8. Quittung eines ordnungsgemäß und eines fehlerhaft übertragenen Datenblocks

Querparitätsfehlers wird der gerade laufende Datentransfer bis zum Blockende weiterhin durchgeführt und erst dann mit NAK durch die Empfangsstation quittiert.

Zur vereinfachten Darstellung der Übertragungsfolgen auf der Fernleitung haben sich die in Bild 8.9 dargestellten Symbole als nützlich erwiesen.

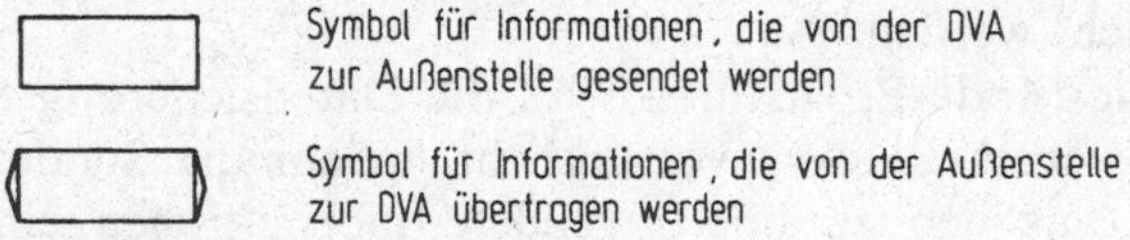

Symbol für Informationen, die von der DVA
zur Außenstelle gesendet werden

Symbol für Informationen, die von der Außenstelle
zur DVA übertragen werden

Bild 8.9. Informationssymbole

Unter Information sind sowohl Daten als auch Steuerzeichen zu verstehen. Zu den Übertragungssteuerzeichen zählen unter anderen auch die Quittungssignale ACK und NAK.

Mit den Symbolen von Bild 8.9 ergibt sich die Darstellungsweise gemäß Bild 8.10.

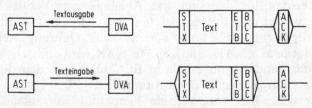

Bild 8.10. Darstellung einer fehlerfreien DÜ

124

Ist bei der Übertragung des Textes eine Zeichenverfälschung aufgetreten, so wird bei den Basic-Mode-Prozeduren der fehlerhafte Block wiederholt. Für die Textsendestation ist die als Antwort von der Empfangsstation erhaltene „Schlecht"-Quittung NAK das Kriterium, den zuletzt ausgesendeten Block nochmals abzusetzen. Beim Bild 8.11, das dies veranschaulichen soll, ist eine Textausgabe für eine aus zwei Blöcken bestehende Nachricht gewählt worden.

Bild 8.11. Blockwiederholung bei Übertragungsfehler

Wie dieses Bild zeigt, mußte die DVA den ersten Textblock zweimal aussenden, ehe er ungestört zur AST gelangte. Durch Blockwiederholungen sind somit Übertragungsfehler korrigierbar.

8.2.4. Zyklische Blocksicherung

Auch bei der zyklischen Blocksicherung wird aus den Daten eines Textblockes die Blockprüfinformation BCC abgeleitet und am Blockende zur Empfangsstation übertragen. Die Empfangsstation, die nach denselben Regeln wie die Sendestation aus den einlaufenden Daten eine Blockprüfinformation bildet, vergleicht diese mit dem empfangenen BCC. Sind beide gleich, so erfolgt die „Gut"-Quittung ACK, stimmen sie nicht überein, so erfolgt die „Schlecht"-Quittung NAK. Das gleiche Prinzip der Übertragungskontrolle wird auch bei der Kreuzsicherung angewandt. Neu und anders als bei der Kreuzsicherung ist hier jedoch die Regel zur Bildung der Blockprüfinformation BCC. Diese Regel wird durch logische Schaltungen hardwaremäßig oder softwaremäßig verwirklicht und folgt einem mathematischen Polynom, dessen Ableitung wegen seiner Aufwendigkeit außerhalb des Rahmens dieses Buches liegt. Aufgrund des Polynoms besteht die Blockprüfinformation bei der zyklischen Blocksicherung aus zwei Zeichen, die jedoch in der bildlichen Darstellung immer nur als ein einzelnes BCC erscheinen (Bild 8.12).

Bild 8.12. Textblock mit zyklischer Blocksicherung in gleicher Darstellungsweise wie bei Kreuzsicherung

Bild 8.13. Textblock mit zyklischer Blocksicherung

Soll besonders darauf hingewiesen werden, daß es sich um zyklische Blockprüfzeichen handelt, so ist dafür die Bezeichnung „Block Check Sequence" (BCS) üblich (Bild 8.13).
Bei der zyklischen Blocksicherung wird nur eine blockweise Informationssicherung vorgenommen. Eine zeichenweise Kontrolle, wie es bei der Kreuzsicherung die Querparitätsprüfung darstellt, gibt es hier nicht.
Wie die Kreuzsicherung, so findet auch die zyklische Blocksicherung bei den 6-Bit-, 7-Bit- und 8-Bit-Codes ihre Anwendung.
Tabelle 8.2 zeigt, um wievielmal sicherer die Datenübertragung (DÜ) in Abhängigkeit vom eingesetzten Sicherungsverfahren gegenüber dem ungesicherten Betrieb wird. Aus der Tabelle ist ersichtlich, daß die zyklische Blocksicherung mit Abstand das wirksamste Fehlererkennungsverfahren für die DÜ ist.

Tabelle 8.2. Wirksamkeit der einzelnen Sicherungsverfahren

Sicherungsverfahren	Sicherheitsfaktor gegenüber ungesichertem Betrieb
nur Zeichenparität	100fach
nur Blockparität	100fach
Kreuzsicherung (Zeichen- und Blockparität)	1 000fach
zyklische Blocksicherung	100 000fach

Abschließend sei nochmals festgehalten, daß Übertragungsfehler bei den Basic-Mode-Prozeduren durch automatische Blockwiederholungen korrigiert werden. Auf Übertragungsfehler wird erkannt, wenn Ungleichheit zwischen dem empfangenen und dem erwarteten BCC festgestellt wird oder — sofern es sich nicht um zyklische Blocksicherung handelt — innerhalb eines Textblockes ein Zeichenparitätsfehler auftritt.
Die Basic-Mode-Prozeduren werden auch gesicherte Stapel- und Dialogprozeduren genannt. Der darin vorkommende Ausdruck „gesichert" bezieht sich nur auf die automatische Blockwiederholung im Fehlerfall. Daß nur die HDLC-Prozedur und die Basic-Mode-Prozeduren als gesichert bezeichnet sind, darf nicht zu der Annahme verführen, daß andere Prozeduren ohne jede Übertra-

gungssicherung arbeiten. Einfache Datensicherungen (z.B. die Zeichenparitätsergänzung ohne automatische Blockwiederholung) sind auch bei anderen Prozeduren üblich.

8.3. Datensicherung bei der Ergebnisauswertung

Das Wesen dieser Kontrolle besteht darin, errechnete Ergebnisse vor deren Auswertung einer logischen Prüfung zu unterziehen, um eventuell vorhandene Fehler ausfindig zu machen. Diese Art der Fehlererkennung wird auch Plausibilitätskontrolle genannt und kann durch Mensch oder Rechner vorgenommen werden. Beispiele dafür sind die Prüfung auf Einhaltung einer Unterteilung bei visuell lesbaren Datenträgern, die Kontrolle, ob errechnete Ergebnisse innerhalb bestimmter Grenzen liegen, ob in einem Zahlentext keine Buchstaben oder unerwartete Sonderzeichen vorkommen usw.

All diese Kontrollen helfen verbliebene Fehler zu erkennen, die durch irgendeine Fehlerquelle von der Datenerfassung angefangen bis zur Ergebnisausgabe entstanden sein könnten.

8.3.1. Fehlerkorrigierender Code

Dieses Korrekturverfahren beruht auf einer Plausibilitätskontrolle und ermöglicht einen Übertragungsfehler selbst bei sx-Betrieb richtigzustellen. Dieses Verfahren erfordert jedoch eine große Code-Redundanz. Das heißt, daß mit Hilfe des Codes nicht nur die Fehlererkennung sondern auch die Fehlerkorrektur möglich sein muß. Es wird hierbei jedes empfangene Zeichen softwaremäßig mit einer Zeichenliste verglichen. In dieser Liste müssen alle erlaubten Bitkombinationen enthalten sein. Entspricht ein eingelaufenes Zeichen nun keiner dieser erlaubten Bitkombinationen, so wird in der Liste diejenige Bitanordnung gesucht, die dem empfangenen Zeichen am nächsten kommt und von dem angenommen werden kann, daß es dem Original entspricht. Die Bitkombination des zu korrigierenden Zeichens wird dem vermuteten Original nachgebildet.

Es ist einzusehen, daß bei dieser Methode die Anzahl der zugelassenen Zeichen wesentlich niedriger sein muß als die Anzahl der möglichen Bitkombinationen. Bei dem gezeigten Verfahren ist eine fehlerhafte Korrektur nicht auszuschließen. Dann nämlich, wenn ein empfangenes Zeichen soweit verfälscht ist, daß es einer anderen Bitkombination näher kommt als dem Original. In diesem Falle würden sogar einzelne richtig empfangene Bits in falsche umgewandelt.

8.4. Basic-Mode-Prozedur MSV 2

Um das einwandfreie Zusammenwirken von Datenstationen (DSt) zu gewährleisten, sind neben Absprachen über Code, Übertragungsgeschwindigkeit, Sicherungsverfahren und Betriebsart auch Vereinbarungen über den zeitlichen Ablauf der Übertragung und die Bedeutung von Steuerzeichen zu treffen. Dies wird in einer DÜ-Prozedur festgelegt. Eine solche umfaßt drei Phasen:

Aufforderung zur Datenübertragung,
Textübermittlung,
Beenden der Datenübertragung.

Anhand einer oft angewandten Prozedur, der Basic-Mode-Prozedur MSV 2, sollen diese drei Phasen erläutert werden. Die Prozedur MSV 2 ist bei Punkt-zu-Punkt-Verbindungen bei synchroner Stapelübertragung einsetzbar. Da Prozeduren die Phasen „Verbindungsaufbau" und „Verbindungsabbau" nicht beinhalten, ist bei Beginn der DÜ eine bestehende Verbindung zur Gegenstelle Voraussetzung. Im weiteren Verlauf der MSV 2-Beschreibung wird von einer Textausgabe ausgegangen (DVA → AST). Eine Texteingabe läuft aber auf die gleiche Art und Weise in umgekehrter Richtung ab.

8.4.1. Aufforderungsphase

In der Aufforderungsphase prüft die sendewillige Station, ob die Gegenstelle betriebsklar ist (Bild 8.14). Ihr Ablauf (Bild 8.15):

1. Diejenige DSt, die Text abzugeben hat, beginnt mit dem Aussenden von mehreren Synchronisationszeichen (n mal SYN). Die Bitkombination für das SYN-Zeichen ist vom verwendeten Code abhängig und kann der Codetabelle entnommen werden. Die Anzahl der ausgesendeten SYN-Zeichen ist frei wählbar, beträgt aber in der Regel 3 oder 7 (n = 3 oder n = 7). Mit Hilfe der SYN-Zeichen wird die Empfangsstation synchronisiert.

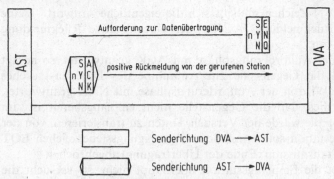

Bild 8.14. Aufforderung zur DÜ mit positiver Rückmeldung der aufgerufenen Datenstation. ENQ: Stationsaufforderung (Enquiry); SYN: Synchronisationszeichen; n: Anzahl der Synchronisationszeichen ($n = 3$ oder $n = 7$)

2. An die SYN-Zeichen schließt sich unmittelbar ein weiteres Übertragungssteuerzeichen, das Enquiry (ENQ) an. Durch ENQ wird die Gegenstelle aufgefordert, zu antworten. Die Sendestation wartet nun auf diese Antwort.

3. Hat die Empfangsstation das ENQ erhalten, so muß sie mit einer Zustandsmeldung antworten. Das geschieht, indem die Empfangsstation vorübergehend zur Sendestation wird und zunächst ihrerseits mehrere SYN-Zeichen aussendet. Mit diesen SYN-Zeichen werden die beiden DSt wieder zeitlich aufeinander abgestimmt, das heißt synchronisiert. Bei jedem Wechsel des Informationsflusses muß neu synchronisiert werden.

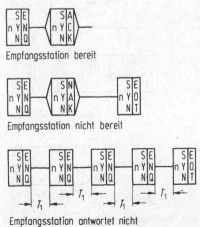

Bild 8.15. Aufforderungsphase

An die SYN-Zeichen schließt sich die eigentliche Antwort — eine positive Rückmeldung (ACK) oder eine negative Rückmeldung (NAK) — an.

Wird in der Aufforderungsphase mit ACK geantwortet, so besagt dies, daß die Gegenstelle zur Aufnahme des Datenaustausches bereit ist. Wird in der Aufforderungsphase mit NAK geantwortet, so heißt dies, daß die Gegenstelle nicht empfangsbereit ist. Im letzteren Falle würde der Versuch, Daten zu transferieren, von der Textsendestation sofort mit dem Übertragungssteuerzeichen EOT (End of Transmission: Ende der Übertragung) abgebrochen.

Antwortet die Empfangsstation überhaupt nicht, so versucht die Textsendestation nach der Zeit $T_1 = 3$ s erneut mit ENQ Kontakt zur Gegenstelle aufzunehmen. Ist auch der vierte Versuch erfolglos, wird von der Textsendestation mit EOT abgebrochen.

8.4.2. Textphase

Hat die Textempfangsstation in der Aufforderungsphase ihre Empfangsbereitschaft mit ACK bekundet, so schließt sich die Textphase an (Bild 8.16).

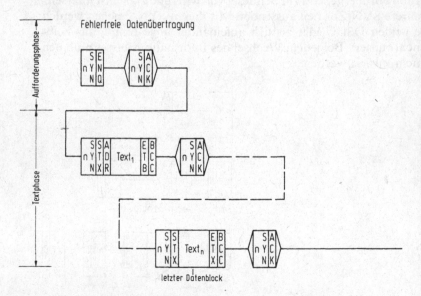

Bild 8.16. Aufforderungs- und Textphase

Gestörte Übertragung

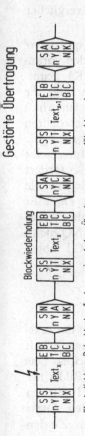

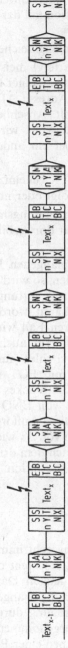

a Ein beliebiger Datenblock, Text$_x$, sei auf dem Übertragungsweg verfälscht worden.

b Text$_x$ wird auch bei den Blockwiederholungen verfälscht. Ist ein und derselbe Block auch nach dem vierten Übertragungsversuch (dritte Wiederholung) gestört, so wird die Datenübertragung durch die Sendestation mit EOT abgebrochen.

c Störung der Quittung.
Die von der Empfangsstation abgegebene Quittung ACK sei auf dem Übertragungsweg verfälscht worden und ist info gedessen von der Sendestation nicht zu erkennen. Nach der Zeit $T_1 = 3$ s fordert die Sendestation mit ENQ die Quittung gesondert an.

Bild 8.17. Beispiele für Übertragungsstörungen

131

1. Eingeleitet wird die Textphase wieder durch Synchronisierzeichen ($n \cdot$ SYN), um die Empfangsstation mit der Sendestation auf Gleichlauf zu bringen.

2. Den SYN-Zeichen folgt das Blockanfangzeichen STX.

3. Dem STX des ersten Datenblockes folgt meist eine Adressenangabe (ADR). Dies ist notwendig, wenn an einer DUSTA mehrere DEG angeschlossen sind. Durch die Adresse ADR wird das gewünschte DEG in der AST ausgewählt. Anschließend folgen die eigentlichen Daten. Die Geräteadresse ADR wird nur im ersten Datenblock angegeben, wenn nicht auf ein anderes DEG übergegangen werden soll.

4. Das Blockende ist mit ETB oder ETX gekennzeichnet, je nachdem, ob noch ein weiterer Textblock folgt oder nicht.

5. Den Blockabschluß bildet die Blocksicherungsinformation BCC, die dann in der Empfangsstation mit der dort gebildeten verglichen wird.

6. Die Empfangsstation muß den empfangenen Block quittieren. Ist er ordnungsgemäß übertragen worden, so wird nach den vorangesetzten SYN-Zeichen mit der „Gut"-Quittung (ACK) geantwortet. Ist ein Übertragungsfehler erkannt worden, so folgt die „Schlecht"-Quittung (NAK). Im letzteren Fall wird der fehlerhaft übertragene Block nochmals gesendet. Tritt auch bei der dritten Wiederholung desselben Blockes ein Fehler auf, so bricht die Textsendestation den Datentransfer mit EOT ab. Unterbleibt fälschlicherweise die Quittierung des Textblockes ganz, so fordert die Textsendestation durch Aussenden von ENQ die Gegenstelle auf, die Blockquittierung abzugeben. Diese Aufforderung kann für einen Block bis zu dreimal in Intervallen von 3 s wiederholt werden. Antwortet die Textsendestation auch nach dem dritten ENQ nicht, so wird die Übertragung von der Sendestation mit EOT abgebrochen (Bild 8.17).

8.4.3. Beendigungsphase

Die Beendigung einer Datenübertragung geht immer von der textsendenden Station aus. Im Normalfall geschieht dies nach Erhalt der positiven Quittierung (ACK) des letzten Datenblockes. Das Ende einer Datenübertragung wird durch EOT angezeigt (Bild 8.18). Nach der Beendigung der Datenübertragung durch EOT müssen gewisse abschließende Maßnahmen vorgenommen werden. Diese Phase liegt jedoch außerhalb der Aufgaben einer Prozedur. Zu den

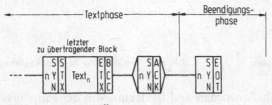

Bild 8.18. Ende der DÜ

abschließenden Maßnahmen zählen das Auflösen der Verbindung in Wählnetzen oder — bei Standleitungen — der Übergang vom Betriebszustand in den Ruhestand.

8.4.4. Laufnummer

Jeder „Gut"-Meldung (ACK) wird eine Kennzeichnungsinformation, die sogenannte Laufnummer, hinzugefügt. Anhand dieser Laufnummer kann die Textsendestation feststellen, auf welchen Teil des Übertragungsablaufes sich die Quittung bezieht. Als Laufnummer wird der positiven Quittung abwechselnd die Ziffer „0" oder die Ziffer „1" beigegeben. Somit besteht eine „Gut"-Meldung — wenn die Synchronisierzeichen nicht mitgezählt werden — immer aus den beiden Zeichen

ACK 0 oder ACK 1.

Die erste Quittung, die von der Datenempfangsstation abgegeben wird — es ist die Betriebsbereitschaftsmeldung in der Aufforderungsphase — ist ACK 0. Infolgedessen erhält der erste Datenblock die Quittung ACK 1, der zweite ACK 0, der dritte wieder ACK 1 usw. Anhand einer Texteingabe, bei deren Darstellung die im Synchronbetrieb notwendigen SYN-Zeichen nicht mehr abgebildet sind, wird dieser Vorgang veranschaulicht (Bild 8.19).
Um den Sinn der Laufnummernbeigabe zu erkennen, sei von einem kleinen Gedankenmodell ausgegangen: Angenommen, die Blockanfangsmarkierung STX sei auf dem Übertragungsweg infolge einer

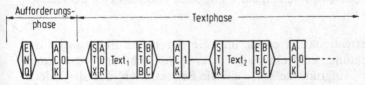

Bild 8.19. Positive Quittung mit abwechselnder Laufnummer

Bild 8.20. Verfälschung des Blockanfangszeichens

Störung verfälscht worden und ist darum von der Empfangsstation nicht zu erkennen. Das hat zur Folge, daß die dem verfälschten STX anschließenden Daten von der Empfangsstation nicht aufgenommen werden (Bild 8.20, in dem, wie auch in den folgenden Prozedurdarstellungen, die SYN-Zeichen nicht mehr abgebildet sind).

Wird STX von der Empfangsstation nicht erkannt, so nimmt sie in weiterer Folge weder von den Daten noch von ETB bzw. ETX oder dem Blockprüfzeichen BCC Notiz. Der gesamte Block ist für die Empfangsstation verloren, wovon die Textsendestation allerdings zunächst nichts bemerkt.

Hat die Textsendestation den Block voll übertragen, so wartet sie auf eine „Gut"- oder „Schlecht"-Meldung (ACK oder NAK).

Da die Empfangsstation jedoch von der Übertragung des Blockes keine Kenntnis genommen hat, besteht für sie auch keine Veranlassung, eine Quittung abzugeben. Die Textsendestation wartet vergebens darauf. Erhält die Sendestation aber nicht innerhalb von 3 s diese Quittung, so fordert sie die Empfangsbestätigung (ACK oder NAK) mit ENQ gesondert an. Aufgrund des erhaltenen Aufforderungssteuerzeichens ENQ gibt nun die Textempfangsstation gezwungenermaßen eine Quittung ab, aber nicht grundsätzlich ACK 0 wie in der Aufforderungsphase, sondern eine Quittung mit der zuletzt ausgesendeten Laufnummer (ACK 0 oder ACK 1). Es ist eine Wiederholung der letzten Quittung (Bild 8.21).

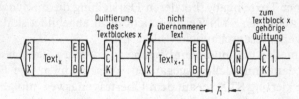

Bild 8.21. Quittungsanforderung durch ENQ nach Verfälschung des Blockanfangszeichens STX

Die Textsendestation erhält nun die durch das ENQ ausgelöste Rückmeldung, entdeckt dabei aber eine nicht erwartete Laufnummer. Aufgrund dessen weiß die Sendestation, daß der zuletzt gesendete Block von der Empfangsstation nicht aufgenommen wor-

den ist. Daraufhin wird der zuletzt abgegebene Block wiederholt
(Bild 8.22).
Sollte bei der Blockwiederholung STX nochmals verfälscht werden,
so bricht die Sendestation den Datentransfer mit EOT ab.

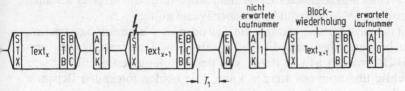

Bild 8.22. Blockwiederholung bei nichterwarteter Laufnummer

8.4.5. Strichdiagramm

Mit der Symbolik von Bild 8.9 ist es nicht möglich, den sich gleicher-
maßen abwickelnden Prozedurablauf zwischen zwei Außenstellen
(AST → AST) darzustellen. Es müßten also neue Symbole für die
AST 1 bzw. die AST 2 gefunden werden. Um eine allgemeingültige
einfache Darstellungsform zu haben, ist das Strichdiagramm
geschaffen worden. In ihm ist die textsendende Station mit „Master"
(MA), die Datenempfangsstation mit „Slave" (SL) bezeichnet.
Die bei einer Synchronübertragung notwendigen und bei jedem
Wechsel der Informationsrichtung ausgesendeten Synchronisierzeichen erscheinen im Strichdiagramm nicht mehr. Die Darstellung
eines ungestörten Prozedurablaufes für einen einzigen Datenblock
zeigt Bild 8.23.

Bild 8.23. Übertragung eines Datenblockes

Da das Strichdiagramm allgemeingültig gehalten ist, gibt es keine
Auskunft darüber, ob es sich bei der dargestellten Prozedur um
einen Datenverkehr zwischen einer Stapel- oder Dialogstation und
einem Rechner (AST↔DVA) oder um einen Datenaustausch
zwischen zwei AST (z. B. Lochkartenleser → Drucker) handelt.

135

Wenn man vom Synchronisierungsverfahren absieht, besteht im Ablauf der Prozedur zwischen MSV 2 (Synchronbetrieb) und LSV 2 (Asynchronbetrieb) kein Unterschied. Da in einem Strichdiagramm ohnedies keine SYN-Zeichen dargestellt werden, ist ein für die Variante 2 gezeichnetes Diagramm sowohl für die MSV 2- als auch für die LSV 2-Prozedur in gleicher Weise gültig.

Ist in einem Strichdiagramm ein Teil oder ein Name durchgestrichen, so bedeutet dies, daß dieser Teil auf dem Übertragungsweg verfälscht worden ist und daher von der Empfangsstation nicht mehr richtig übernommen werden kann. Die beiden folgenden Beispiele sollen dies verdeutlichen.

1. In der Aufforderungsphase werde auf das einleitende ENQ von der angesprochenen DSt eine Bereitschaftsmeldung mit falscher Laufnummer (ACK 1 statt ACK 0) abgegeben. Die Textsendestation fordert daraufhin mit einem erneuten ENQ zum zweiten Mal die richtige Quittung an. Auf die zweite Aufforderung antwortet die Empfangsstation mit richtiger Laufnummer (Bild 8.24).

2. Bei der nächsten Annahme handelt es sich um einen Fehler in der Textphase. Die Daten des ersten Blockes oder das BCC — was dieselbe Auswirkung hat — seien auf dem Übertragungsweg verfälscht

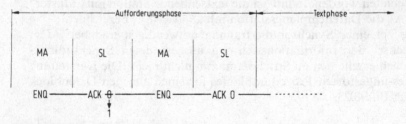

Bild 8.24. Verfälschung der Laufnummer

worden. Das hat zur Folge, daß die Empfangsstation mit der „Schlecht"-Quittung NAK antwortet, woraufhin die Textsendestation diesen Block wiederholt (Bild 8.25).

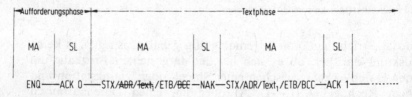

Bild 8.25. Störung des Textblockes

Manche Störung in der Steuerung (DUSTA, DUET) kann dieselben Reaktionen nach sich ziehen wie Übertragungsstörungen. Wird beispielsweise von einer DSt ein bestimmter, in der Prozedur verankerter Teil nicht abgegeben, so führt dies zu derselben Auswirkung, als wenn der entsprechende Teil auf dem Übertragungsweg verfälscht worden wäre. Einen solchen Fall zeigt das nächste Beispiel. Dabei ist angenommen, daß die Empfangsstation in der Textphase fälschlicherweise nach Erhalt des Datenblockes x keine Quittung abgibt. Nach Ablauf der Wartezeit T1 fordert die Textsendestation mit ENQ die Empfangsstation auf zu antworten. Diese Antwort — hier ACK 0 — soll störungsfrei vonstatten gehen (Bild 8.26).

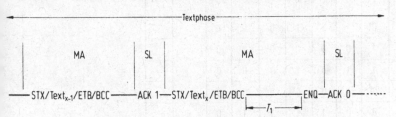

Bild 8.26. Keine Reaktion von der Empfangsstation nach Aufnahme des Textblockes x

Aufgaben zum Abschnitt 8
(Lösungen s. Seite 214)

Aufgabe 8.1

Die Textlücken sind auszufüllen!

„Gut-Quittung. Das von der Textsendestation erhaltene und das in der Empfangsstation gebildete Blockprüfzeichen sind gleich. Es ist auch kein Zeichenparitätsfehler aufgetreten. Die Empfangsstation antwortet mit ... . oder ... ."

Aufgabe 8.2

Ein Querparitätsfehler oder ein BCC-Fehler führen zur Quittierung mit ... .

Aufgabe 8.3

Bei welchen Codes wird die Kreuzsicherung bzw. die zyklische Blocksicherung angewendet?

Aufgabe 8.4

Zeichnen Sie in symbolischer Darstellungsweise eine aus zwei Blöcken bestehende Texteingabe. Dabei sei bei der Übertragung des zweiten Blockes ein Zeichen verfälscht worden. Der fehlerhafte Block wird wiederholt. Der Darstellung soll die LSV 2-Prozedur zugrunde liegen.

Aufgabe 8.5

Die Textlücken sind auszufüllen!

„Würde den ‚Gut‘-Quittungen keine Laufnummer beigegeben, so könnte die Text-

sendestation nicht erkennen, ob sich die Quittung auf den letzten oder den . . . .
Block bezieht. Bei einer Verfälschung des Blockanfangszeichens STX hätte dies —
bei Nichtverwendung von Laufnummern — einen Block . . . . zur Folge."

Aufgabe 8.6

Ergänzen Sie den in Bild 8.27 gezeigten Block auf ungerade Zeichen- und gerade
Blockparität! Das Parity-Bit des BCC soll nach derselben Regel wie die übrigen
Bits des Blockprüfzeichens gebildet werden (das STX-Zeichen wird nie zur Bildung
der Längsparität herangezogen).

STX						ETX	BCC
0	1	0	0	1	1	0	1	
1	1	0	1	0	1	0	1	
0	0	1	0	1	0	0	0	
0	1	0	0	0	0	1	0	
0	1	1	0	1	0	0	0	
0	0	1	0	0	0	0	0	
0	0	0	1	1	1	1	0	

Bild 8.27.
Zu Aufgabe 8.6

Aufgabe 8.7

Worin unterscheidet sich die LSV 2-Prozedur von der MSV 2-Prozedur?

Aufgabe 8.8

In der Aufforderungsphase wird eine Aufforderung zur Datenübertragung (ENQ)
an ein zwar eingeschaltetes, aber nicht betriebsklares Gerät gesendet. Die Aufforderung mit der zu erwartenden Reaktion ist in symbolischer Darstellungsweise
anhand einer Texteingabe aufzuzeigen. Der Darstellung soll die MSV 2-Prozedur
zugrunde liegen.

Aufgabe 8.9

An eine ausgeschaltete DSt wird eine Aufforderung zur Datenübertragung gerichtet.
Der Prozedurablauf ist anhand eines Strichdiagramms darzustellen.

Aufgabe 8.10

Bei der Übertragung eines Blockes wird das Blockanfangszeichen STX gestört. Wie
ist der weitere Ablauf der Prozedur? (Strichdiagramm!)

Aufgabe 8.11

In der Textphase wird die Datenübertragung durch Leitungsstörungen beeinflußt.
Die fehlerfreie Übertragung eines ganzen Textblockes ist nicht möglich. Die Steuerzeichen werden aber ordnungsgemäß empfangen. Wie wirkt sich dies aus? (Strichdiagramm!)

138

9

9.1. Leistungsfähigkeit der Datenendgeräte

Der Arbeitsgeschwindigkeit eines Datenendgerätes (DEG) sind durch die Trägheit der Gerätemechanik Grenzen gesetzt. Neben diesem Aspekt wird die Leistungsfähigkeit eines DEG vielfach auch durch die Leistungsfähigkeit der verwendeten Fernleitung bestimmt. Allgemein kann gesagt werden, daß bei hohen Übertragungsgeschwindigkeiten die Leistungsfähigkeit der DEG meist durch die Gerätemechanik festgelegt ist, bei niedrigen Übertragungsgeschwindigkeiten durch den Übertragungsweg.
Bei der Berechnung der pro Zeiteinheit übertragbaren Zeichen muß neben der Übertragungsgeschwindigkeit auch die angewandte Prozedur, Modem-Umschaltzeiten und der jeweilige Code berücksichtigt werden. Je mehr Bitstellen ein Zeichen umfaßt, desto weniger Zeichen können in einer vorgegebenen Zeit übertragen werden.

Tabelle 9.1. Arbeitsgeschwindigkeiten für 7-Bit-Code
bei 9 600 bit/s

Gerät	Arbeits- geschwindigkeit	Abhängig von
Drucker	7 Zeilen/s	Leitung
Lochkartenleser	8 Lochkarten/s	
Magnetbandgerät	1000 Zeichen/s	
Lochkartenstanzer	4 Lochkarten/s	Mechanik
Lochstreifenleser	600 Zeichen/s	
Lochstreifenlocher	200 Zeichen/s	

Unter Zugrundelegung eines 7-Bit-Codes bei einer angenommenen Übertragungsgeschwindigkeit von 9 600 bit/s kann z.B. ein Drucker ungefähr 7 Zeilen mit je 130 Druckstellen pro Sekunde ausgeben. Betrachtet man im Verhältnis dazu Drucker, die unmittelbar an eine Zentraleinheit (ZE) angeschlossen sind (Geräte der 1. Peripherie), so zeigt sich dabei ein erheblicher Leistungsunterschied. Direkt an der ZE betriebene Drucker mit einer Leistungsfähigkeit von 16 Zeilen pro Sekunde sind keine Seltenheit. Daraus resultiert, daß bei diesem Beispiel die Gerätemechanik mehr zu leisten imstande ist, als es diese Fernleitung zuläßt.

Als grobe Anhaltswerte seien in Tabelle 9.1 einige Arbeitsgeschwindigkeiten angegeben, denen ein 7-Bit-Code und eine Übertragungsgeschwindigkeit von 9 600 bit/s zugrunde liegt. Bei dieser Übertragungsgeschwindigkeit wird die Trägheit mancher Gerätemechaniken augenscheinlich.

9.2. Datenübertragungseinrichtungen

Die Datenübertragungseinrichtung (DÜE) ist Bindeglied zwischen der Datenendeinrichtung (DEE) und der Übertragungsleitung. DEE arbeiten mit Signalformen und Signalspannungen, die nicht unmittelbar zur Übertragung auf Fernleitungen geeignet sind und daher einer Signalumsetzung in der DÜE bedürfen.

9.2.1. Datenübertragungseinrichtungen für Telegrafieleitungen und galvanisch durchgeschaltete Leitungen

Bei Telegrafieleitungen, zu denen sowohl das Telexnetz als auch die Telegrafiestandleitungen gehören, werden die Daten in Form von Einfach- oder Doppelstromschritten übertragen. Die dafür verwendbaren DÜE sind auf seiten der Außenstelle (AST) das sog. Fernschaltgerät, auf seiten der Datenverarbeitungsanlage (DVA) der Anschlußsatz für Datenübertragung (D-An).

Für galvanisch durchverbundene Leitungen gibt es noch eine weitere DÜE, die mit Doppelstromschritten arbeitet — die Gleichstrom-DÜ-Einrichtung für niedrige Sendespannung (GDN). Sie kann sowohl in der AST als auch DVA-seitig eingesetzt werden. Es ist zu beachten, daß eine Telegrafie-Standleitung nicht zwangsläufig eine galvanisch durchverbundene Leitung sein muß, da bei längeren Ortsverbindungen Gleichstromverstärker, im Weitverkehr auch Richtfunkstrecken zwischengeschaltet sein können.

A. Fernschaltgerät

Fernschaltgeräte (FGt) können zum Anschluß einer an einer Telegrafieleitung arbeitenden DEE, z. B. einem Fernschreiber oder einem Lochstreifengerät, verwendet werden, wenn die Übertragungsgeschwindigkeit nicht mehr als 300 bit/s beträgt. Je nach Type ist der Einsatz bei Wähl-, Stand- oder Konzentratorverbindungen unabhängig von der Betriebsart möglich (Bild 9.1). Die Anschaltung erfolgt im Datex-Netz an eine 4-Draht-Leitung, sonst meist an eine 2-Draht-Leitung.

Bild 9.1.
Fernschaltgerät für Wählverbindungen

Um bei Stand- oder Konzentratorverbindungen die Verbindung zur Gegenstelle aufbauen bzw. trennen zu können, ist jedes FGt mit einer Anruf- und einer Schlußtaste ausgerüstet. Unabhängig davon besitzen die in Wählnetzen verwendeten FGt auch noch eine Nummernwähleinrichtung zum Anwählen der Gegenstelle.

B. Datenanschlußsatz

Das Gegenstück zum außenstellenseitigen Fernschaltgerät bildet auf der DVA-Seite der Datenanschlußsatz (D-An). Der technische Aufbau des D-An entspricht dem des Fernschaltgerätes, besitzt jedoch keine Elemente zum manuellen Verbindungsauf- oder -abbau, da dies in der Zentrale Aufgabe der DVA ist und per Programm (softwaremäßig) bewerkstelligt wird (Bild 9.2).

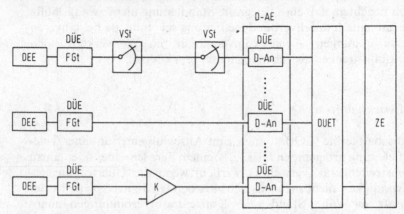

Bild 9.2. Zusammenwirken von Fernschaltgerät und Datenanschlußsatz. D-AE: Datenanschlußeinheit; VSt: Vermittlungsstelle

Mehrere D-An — jeder einer Fernleitung zugeordnet — werden räumlich in einem Schrank zusammengefaßt. Der mit mehreren D-An bestückte Schrank wird als Datenanschlußeinheit (D-AE) bezeichnet.

C. Gleichstrom-Datenübertragungseinrichtung für niedrige Sendespannung

Diese Gleichstrom-DÜE dient dem mittelschnellen Datenverkehr im Nahbereich über galvanisch durchverbundene Standleitungen. Sie arbeitet nach dem Doppelstromprinzip mit einer Sendespannung von $\pm 0,3$ V (Bild 9.3).
Die überbrückbare Leitungslänge (Reichweite) hängt von der gewählten Übertragungsgeschwindigkeit, der zulässigen Verzerrung, vom Übertragungsweg (2-Draht- oder 4-Draht-Leitung), der Leitungsbeschaffenheit (Leitungsquerschnitt) und dem Typ des ver-

142

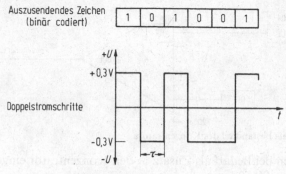

| 1 | 0 | 1 | 0 | 0 | 1 |

Doppelstromschritte

Bild 9.3. Doppelstromverfahren

wendeten GDN ab. Im allgemeinen können GDN für Entfernungen bis zu 30 km eingesetzt werden.

Die GDN erlaubt, neben sx- und hdx-Betrieb auch 4-Draht- und 2-Draht-Vollduplexbetrieb (dx).

Eine GDN kann beispielsweise für 4800 bit/s ausgelegt sein. Das heißt jedoch nicht, daß sie ausschließlich mit dieser Geschwindigkeit arbeiten kann. Im Gegenteil: Ein wesentlicher Vorteil der GDN ist die Volltransparenz. Dies besagt, daß Daten in jedem Code und mit jeder Geschwindigkeit von 0 bit/s bis zum Höchstwert ohne Umschaltung übertragen werden können. Es kann auch z.B. das für 4800 bit/s konzipierte GDN für eine Übertragungsgeschwindigkeit von 9600 bit/s verwendet werden, wenn eine Verringerung der Reichweite in Kauf genommen wird.

GDN-Strecken werden nicht nur zur direkten Verbindung zweier DEE verwendet, sondern auch als Zubringerstrecken für den Weitverkehr (Bild 9.4). So kann beispielsweise an die GDN-Strecke über einen Konzentrator eine Telegrafie- oder eine Fernsprechleitung angeschlossen werden.

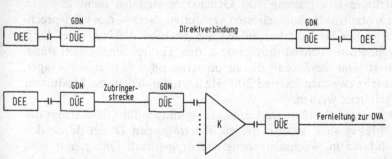

Bild 9.4. GDN-Übertragungsweg als Direktverbindung und als Zubringerstrecke

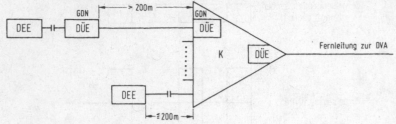

Bild 9.5. GDN als Bestandteil des Konzentrators

GDN können bei Bedarf als Zusatz in den Konzentrator eingebaut werden, wie es Bild 9.5 zeigt.
DEE, die nicht weiter als 200 m vom Konzentrator entfernt sind, werden an diesen direkt angeschlossen.
Eine DÜE für niedrige Sendespannungen zeigt Bild 9.6.
Die GDN überträgt die Daten in Form von Gleichstromschritten.

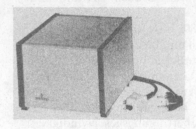

Bild 9.6. Gleichstrom-Datenübertragungs-
einrichtung für niedrige Sendespannung
(GDN)

9.2.2. Datenübertragungseinrichtungen für Fernsprech-
und Breitbandleitungen

Fernsprechleitungen sind für die Übertragung von Tonfrequenzen im Bereich von 300 bis 3400 Hz ausgelegt und daher für die unmittelbare Übertragung von Gleichstromsignalen nicht geeignet. Um trotzdem das am weitesten verbreitete Netz — das Fernsprechnetz — der Dfv nutzbar zu machen, werden die von einer DEE angebotenen Gleichstromsignale in den Tonfrequenzbereich transponiert. Das heißt, daß die zu übertragenden Bits einem Träger, der meist zwischen 900 und 2000 Hz liegt, durch den sog. Modulator aufgebürdet werden.
Mit anderen Worten: Da Fernsprechleitungen für Gleichstrom undurchlässig sind, werden die zu übertragenden Daten durch den Modulator in Wechselstromsignale umgeformt. Dies nennt man modulieren.

In der Empfangsstation übernimmt der Demodulator die Rückgewinnung der Gleichstromsignale aus den ankommenden Wechselstromsignalen, um sie an die angeschlossene DEE weiterzugeben (Bild 9.7). Das Aufmodulieren des auszusendenden Signales bzw. das Demodulieren des empfangenen Signales ist Aufgabe des Modem (*Mo*dulator + *Dem*odulator).

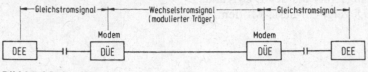

Bild 9.7. Modem-Strecke

Verschiedene Modem können mit einem Fernsprechzusatz ausgerüstet werden, mit dessen Hilfe auch eine Sprechverbindung zur Gegenstelle hergestellt werden kann. Die Umschaltung zwischen Datentransfer und Fernsprechen erfolgt durch Tastendruck oder Ablegen des Hörers in eine dafür vorgesehene Mulde des Modem. Telefonieren bei gleichzeitiger DÜ ist nicht möglich.

Auch bei Breitband-Stromwegen werden für sehr hohe Übertragungsgeschwindigkeiten Modem eingesetzt, weil Gleichstromsignale aus technischen Gründen nur im unteren und mittleren Geschwindigkeitsbereich ($\leq 9\,600$ bit/s) transferiert werden können.

A. Serie-Modem

Beim Serie-Modem werden die Zeichen, wie bei allen bisher beschriebenen Übertragungssystemen, bitseriell von der DEE abgegeben bzw. aufgenommen. Arbeiten Modem im öffentlichen Fernsprechnetz, so erfolgt der Anschluß an die Fernleitung immer 2-drähtig, bei Fernsprech-Standverbindungen kann er auch 4-drähtig sein. Dementsprechend sind Serie-Modem für beide Anschlußarten ausgerüstet.

Die Wahl des Codes und des Gleichlaufverfahrens (synchron oder asynchron) bleibt dem Anwender überlassen. Abhängig vom Modem-Typ ist hdx, dx oder beides möglich. Serie-Modem werden vorwiegend bei mittleren und hohen Übertragungsgeschwindigkeiten eingesetzt.

Sehr hohe Übertragungsgeschwindigkeiten erfordern einen Breitbandstromweg. Für die meisten DÜ-Systeme ist aber eine Übertragungsrate von 9 600 bit/s ausreichend. Zudem läßt die Deutsche Bundespost im öffentlichen Fernsprechwählnetz keine höheren Ge-

145

schwindigkeiten als 4800 bit/s zu. Als untere Übertragungsgeschwindigkeit können 200 bit/s angesetzt werden. Bei niedrigeren Geschwindigkeiten sind Serie-Modem nur selten anzutreffen.

Bei Bedarf können verschiedene Modem mit einem Hilfskanal zur Übertragung von Quittungssignalen (Empfangsbestätigung) ausgerüstet werden. Dieser Kanal arbeitet meist mit 75 bit/s, also wesentlich langsamer als der DÜ-Kanal.

Bild 9.8 zeigt ein Serie-Modem.

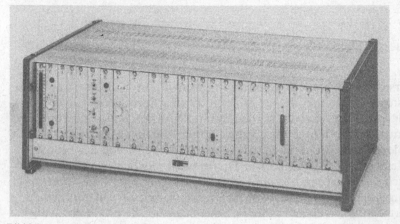

Bild 9.8. Serie-Modem für 9600 bit/s

B. Parallel-Modem

Bei allen bisher behandelten Dfv-Systemen sind die Bits eines Zeichens zeitlich nacheinander, also bitseriell, übertragen worden. Im Gegensatz dazu wird der Informationsaustausch bei der Parallelübertragung nicht bitweise, sondern zeichenweise vorgenommen. Dies gilt sowohl für die Strecke zwischen der DEE und dem Parallel-Modem als auch für die Fernleitung. Dabei ist die DEE entsprechend der Bitanzahl eines Zeichens mit dem Parallel-Modem durch mehrere Datenleitungen verbunden. Dementsprechend kommt hier auch nicht die Serien-Schnittstelle V 24, sondern die Parallel-Schnittstelle V 30 zur Anwendung.

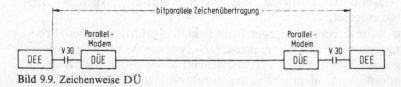

Bild 9.9. Zeichenweise DÜ

146

Bild 9.10. Parallel-Modem

Durch besondere technische Vorkehrungen genügt für die Fernleitung ein einziges Adernpaar, obwohl auch hier zeichenweise übertragen wird (Bild 9.9).

Diese Art der Zeichenübermittlung kann in Dfv-Systemen verwendet werden, in denen ein nur einseitig gerichteter Datenfluß (sx) notwendig ist. Das ist relativ selten der Fall.

In Systemen, bei denen als Rückantwort von der Datenempfangsstation ein akustisches oder optisches Signal genügt, bietet sich die Parallelübertragung und damit der Einsatz von Parallel-Modem an (Bild 9.10). Der Vorteil dieses Verfahrens liegt im technisch einfacheren Aufbau der DEE, weil die bei der Seriell-Übertragung notwendige Parallel-Serien-Umsetzung hier entfällt.

Bei numerischer Übertragung (Ziffern und Sonderzeichen) können annähernd 40 Zeichen pro Sekunde, bei alphanumerischer Übertragung (Ziffern, Sonderzeichen und Buchstaben) ca. 20 Zeichen pro Sekunde ausgesendet werden.

Im Zusammenhang mit der Parallelübertragung soll noch auf eine oft gebrauchte Geschwindigkeitseinheit eingegangen werden.

Die Übertragungsgeschwindigkeit wird — wie bekannt — in bit/s gemessen. Neben dieser Einheit wird fälschlicherweise für die Übertragungsgeschwindigkeit oft auch die Maßeinheit Bd (Baud, sprich „Bod") verwendet. Diese Einheit ist jedoch das Maß für die Schrittgeschwindigkeit.

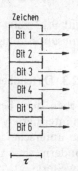

Zeichen

Bit 1
Bit 2
Bit 3
Bit 4
Bit 5
Bit 6

Bild 9.11. Bitparallele Zeichenübertragung

Zeitraster des Schrittaktgebers

τ

147

Die Übertragungsgeschwindigkeit gibt die Anzahl der in einer Sekunde übertragbaren Bits an (Maßeinheit: bit/s). Die Schrittgeschwindigkeit gibt die Anzahl der in einer Sekunde vom Schritttaktgeber ausgeführten Schritte an (Maßeinheit: Bd).

Da bei der Parallelübertragung mit einem Schritt gleichzeitig mehrere Bits ausgesendet werden, kann hier die Schrittgeschwindigkeit nicht gleich der Übertragungsgeschwindigkeit sein. Bild 9.11 soll die bitparallele Zeichenübertragung während eines Schrittes veranschaulichen.

Die Verwechslung zwischen bit/s und Bd rührt daher, weil bei der meist angewandten bitseriellen Datenübertragung bei jedem Schritt des Taktgebers ein einziges Bit ausgesendet bzw. empfangen wird. In diesem Falle ist nämlich die Anzahl der übertragenen Bits gleich der Anzahl der dazu benötigten Schritte (Bild 9.12).

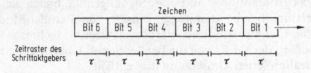

Bild 9.12. Bitserielle Zeichenübertragung

Das nachfolgende Beispiel soll den Unterschied zwischen der Übertragungsgeschwindigkeit und der Schrittgeschwindigkeit nochmals verdeutlichen.

Mit Hilfe eines Parallel-Modems seien in einer Sekunde 10 Zeichen zu je 6 Bits übertragen worden. Wie groß war dabei

die Übertragungsgeschwindigkeit,
die Schrittgeschwindigkeit, wenn ein Zeichen an das andere angeschlossen hat?

a) Wenn in einer Sekunde 10 Zeichen mit je 6 Bits übertragen werden, beträgt die Übertragungsgeschwindigkeit $10 \cdot 6 = 60$ bit/s.

b) Da bei der Parallelübertragung für jedes Zeichen ein Schritt notwendig ist, hat die Schrittgeschwindigkeit 10 Bd betragen.

Bild 9.13 zeigt nochmals die bisher besprochenen DÜE mit Leitungszuordnungen.

9.2.3. Datenübertragungseinrichtungen im IDN

Neben dem bereits besprochenen Fernschaltgerät (FGt) kommen im integrierten Text- und Datennetz noch andere DÜE zum Einsatz. Sie unterscheiden sich von den bisher bekannten nicht prinzipiell sondern sind nur infolge der an sie gestellten Aufgaben etwas erweitert.

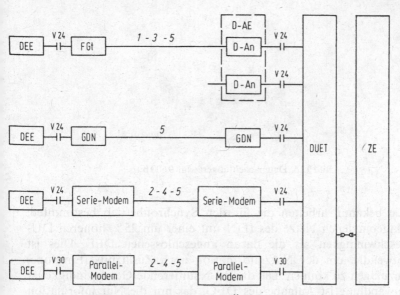

Bild 9.13. Datenübertragungseinrichtungen (DÜE) mit ihren Schnittstellen und Fernleitungen. 1: Telexnetz (Wählnetz); 2: Fernsprechnetz (Wählnetz); 3: überlassene Telegrafieleitung (Standverbindung); 4: überlassene Fernsprechleitung (Standverbindung); 5: galvanisch durchgeschaltete Standverbindung

Datenfernschaltgerät (DFG, Bild 9.14)

Es sendet die Daten, abhängig von der Ausführung, mit Hilfe eines modulierten Trägers oder, sofern Bedarf, in Form von Gleichstromschritten aus. Auf Grund verschiedener DFG-Typen ist ihre Verwendung sowohl bei asynchroner als auch bei synchroner DÜ möglich.

Bild 9.14. Datenfernschaltgerät für 2400 bit/s

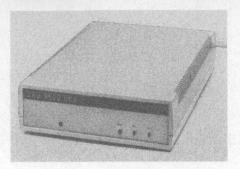

Bild 9.15. Datenanschlußgerät für 9600 bit/s

Wie bekannt, arbeiten die für den Synchronbetrieb bestimmten, taktgebundenen Netze des IDN mit einer um 25 % höheren DÜ-Geschwindigkeit als die daran angeschlossenen DEE. Dies ist notwendig, um der Nutzinformation noch Zusatzbits (Envelope) hinzufügen zu können. Die daraus resultierende Geschwindigkeitsumwandlung ist Aufgabe des DFG, das nur die Nutzinformation an die DEE weitergibt bzw. von ihr erhält.

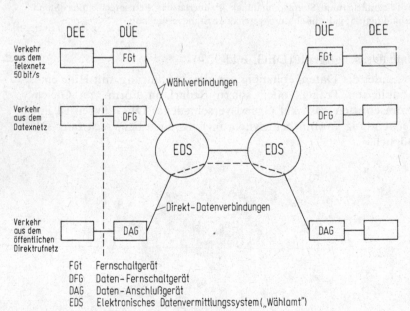

FGt   Fernschaltgerät
DFG   Daten-Fernschaltgerät
DAG   Daten-Anschlußgerät
EDS   Elektronisches Datenvermittlungssystem („Wählamt")

Bild 9.16. Datenübertragungseinrichtungen des Integrierten Text- und Datennetzes

Da das DFG im Datex-Wählnetz eingesetzt ist, besitzt es auch die notwendigen Einrichtungen für den Verbindungsaufbau und den Verbindungsabbau. Dazu gehört auch die für die Wahl notwendige Tastatur.

Datenanschlußgerät (DAG, Bild 9.15)

Das DAG ist die für das Direktrufnetz konzipierte DÜE. Da das Direktrufnetz nur festgeschaltete Leitung beinhaltet, besitzen DAG keine Wähleinrichtung. Im übrigen entspricht diese DÜE dem DFG.

Das Rückgrat des IDN bilden die EDS-Vermittlungsstellen (EDS: Elektronisches Datenvermittlungssystem). Eine Zusammenfassung der in diesem System enthaltenen Datenübertragungseinrichtungen (DÜE) zeigt Bild 9.16.

9.3. Mehrkanal-Datenübertragungseinheiten

Aufgabe einer Mehrkanal-DUET ist es, den Datentransfer zwischen vielen AST und einem Rechner zu koordinieren. Eine wichtige Rolle übernimmt dabei der Scanner, der ständig umlaufend einen Puffer (PF) nach dem anderen bedient (Bild 9.17).
Anhand des Flußdiagrammes von Bild 9.18 soll die Zeichenweitergabe durch die DUET dargestellt werden. Der gezeigte Ablauf bezieht sich auf einen beliebigen, durch den Scanner ausgewählten PF und wiederholt sich bei jeder Pufferansteuerung aufs neue.

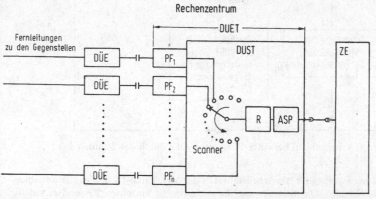

Bild 9.17. Zeitlich verschachtelte Bedienung der AST (R: Register des DUP)

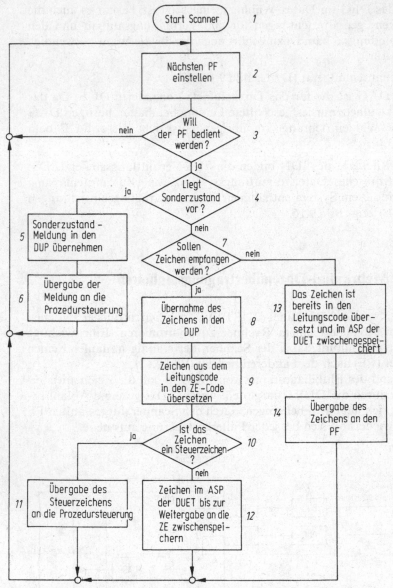

Bild 9.18. Arbeitsablauf bei einer PF-Ansteuerung durch den Scanner

① Voraussetzung für die Arbeitsfähigkeit der Mehrkanal-DUET ist der umlaufende Scanner. Der Scanner hat die Aufgabe, die einzelnen PF und damit die daran angeschlossenen AST nacheinander zu bedienen.

$\textcircled{2}$ Durch den Scanner wird ein PF ausgewählt. Der weitere Ablauf bezieht sich auf die Bedienung dieses PF.

$\textcircled{3}$ Abfrage: Will der PF bedient werden?
Will der PF einen Sonderzustand melden oder hat er ein Zeichen mit der AST auszutauschen, so setzt er ein „Bedienungsanforderungs"-Signal. Dieses Signal wird vom umlaufenden Scanner erkannt. Er bleibt solange an diesem PF stehen, bis die Bedienungsanforderung abgearbeitet ist. Will der PF nicht bedient werden, läuft der Scanner zur Abfrage des nächsten weiter.

$\textcircled{4}$ Abfrage: Liegt Sonderzustand vor?
Ein Sonderzustand liegt vor, wenn beispielsweise die an diesem PF angeschlossene Gegenstelle Text abgeben möchte (ankommender Ruf), von der DVA erfolglos versucht worden ist eine Verbindung zur Gegenstelle aufzubauen (z. B. Gegenstelle besetzt) und dergleichen.
Antwort „Nein": Wähle Abfrage $\textcircled{7}$
Antwort „Ja" : Weiter bei $\textcircled{5}$

$\textcircled{5}$ Liegt ein Sonderzustand vor, so gibt der PF eine Meldung hierüber ab. Diese Meldung wird zunächst wie ein Textzeichen in die Register des Datenübertragungsprozessors (DUP) übernommen.

$\textcircled{6}$ Die Meldung über einen Sonderzustand geht an die Prozedursteuerung (Leitungsprogramm). Diese muß nun — je nach Aussage der Meldung — die erforderlichen Maßnahmen treffen. So wird z.B. bei einem ankommenden Ruf der PF in den Zustand „Eingabe" versetzt, d.h. er kann Zeichen der AST empfangen. Anschließend ist der Scanner wieder frei und geht auf den nächsten PF über.

$\textcircled{7}$ Abfrage: Sollen Zeichen empfangen werden?
Wird ein PF im Verlauf einer Prozedur in den Eingabe- oder Ausgabezustand gebracht, so wird dies in dem diesem PF zugeordneten Kennwertbereich vermerkt. Abhängig von diesem Vermerk erfolgt die Verzweigung.
Antwort „Nein": Es handelt sich um eine Textausgabe.
                Weiter bei $\textcircled{13}$
Antwort „Ja" : Es handelt sich um eine Texteingabe.
                Weiter bei $\textcircled{8}$

$\textcircled{8}$ Das empfangene Zeichen gelangt in ein Register des DUP um möglichst schnell das entsprechende Register des PF für das nächste ankommende Zeichen freizumachen.

$\textcircled{9}$ Zeichen die vom PF dem DUP übergeben werden liegen im jeweiligen, von der Gegenstelle benützten Code vor. Dieser Code kann von PF zu PF unterschiedlich sein. Um die ZE arbeitsmäßig zu entlasten, findet innerhalb des DUP, sofern erforderlich, eine Codeumsetzung statt. Bei einer Texteingabe werden alle empfangenen Zeichen in den ZE-internen Code (meist EBCDIC) umgewandelt.

$\textcircled{10}$ Abfrage: Ist das Zeichen ein Steuerzeichen?
Jedes eingelaufene Zeichen wird untersucht, ob es ein Prozedur-Steuerzeichen ist.
Antwort „Nein": Weiter bei $\textcircled{12}$
Antwort „Ja" : Weiter bei $\textcircled{11}$

⑪ Steuerzeichen gelangen an die Prozedursteuerung. Diese entscheidet nun über den weiteren Fortgang. Beispielsweise muß ein empfangenes ENQ mit ACK 0 oder ACK 1 beantwortet werden und dergleichen mehr. Die Vorbereitung all der erforderlichen Reaktionen und Maßnahmen erfolgt unabhängig vom Scanner. Deshalb läuft er zum nächsten PF weiter.

⑫ Das empfangene Zeichen ist ein Textzeichen, das an die ZE weitergegeben werden soll. Es wird im ASP der DUET bis zum Weitertransport zwischengespeichert. Je nach Weitergabeart — zeichenweise oder blockweise — gelangt das Textzeichen anschließend sofort zur ZE, oder aber erst wenn der Block vollständig im ASP der DUET steht. Der Scanner läuft jedoch bereits nach dem Zwischenspeichern des vom PF gelieferten Zeichens weiter.

⑬ Der PF hat eine Bedienungsanforderung gestellt, weil er ein Zeichen ausgeben will. Zu diesem Zeitpunkt steht das auszusendende Zeichen bereits in den Leitungscode übersetzt im ASP der DUET. Dabei ist es unerheblich, ob es sich um ein zu sendendes Text- oder Steuerzeichen handelt.

⑭ Das Zeichen wird in die Register des PF geladen und ausgesendet.
Der Scanner ist frei und geht auf den nächsten PF über.

9.4. Basic-Mode-Prozeduren der Variante 1

Die Basic-Mode-Prozeduren LSV 1 bzw. MSV 1 sind bei allen Netzkonfigurationen zulässig. Der Einsatz bei Mehrpunkt- und Konzentratorverbindungen ist die Regel (Bild 9.19), der Einsatz bei Punkt-zu-Punkt-Verbindungen der Ausnahmefall.
Die Betriebsart ist halbduplex (hdx).
Bei den Basic-Mode-Prozeduren der Variante 1 ist es nur der Leitstation — einer DVA — möglich, eine Datenübertragung einzuleiten. Die Initiative zur DÜ liegt hier ausschließlich beim Rechner. Dieser

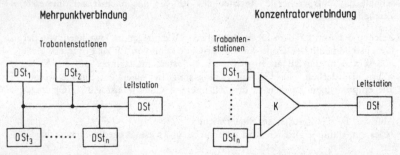

Bild 9.19. Netzkonfigurationen, bei denen die Prozeduren LSV 1 und MSV 1 sinnvoll angewandt werden können

Umstand bedingt, daß sich die ZE über eine eventuelle Sendewilligkeit eines DEG informieren muß. Dies geschieht, indem die Trabantenstationen nacheinander vorsorglich durch eine zyklische, also immer wiederkehrende Sendeaufforderung (polling) abgefragt werden, ob sie Text abzugeben haben. Eine Trabantenstation kann nur dann Text senden, wenn sie von der Leitstation dazu aufgefordert worden ist.

Will die Leitstation Daten an eine bestimmte Trabantenstation abgeben, so muß sie erst die gewünschte Datenstation (DSt) ansprechen und auf den Datentransfer vorbereiten. Dies erfolgt durch Aussenden einer Empfangsaufforderung (selecting) mit der Adresse der gewählten Trabantenstation.

Allein aufgrund dieser Gegebenheiten ist zu erkennen, daß die Aufforderungsphase der Basic-Mode-Variante 1 von der Variante 2 verschieden sein muß. Die Text- und Abschlußphase hingegen ist bei allen Prozeduren der Basic-Mode-Familie gleich, wenn man vom Gleichlaufverfahren absieht.

Es sei nochmals darauf hingewiesen, daß die Prozeduren MSV 1 und MSV 2 im Synchronbetrieb arbeiten. Der Gleichlauf wird dabei durch im jeweiligen Code festgelegte SYN-Zeichen bei jedem Wechsel der Informationsrichtung neu hergestellt. Diese SYN-Zeichen sind in den meisten Prozedurdarstellungen nicht eingezeichnet und werden als bekannt vorausgesetzt.

Demgegenüber arbeiten die Prozeduren LSV 1 und LSV 2 im Asynchronbetrieb. Das bedeutet, daß jedem zu übertragenden Zeichen ein Start-Schritt zur Synchronisierung der Gegenstelle vorangeht.

9.4.1. Aufforderungsphase bei der Basic-Mode-Variante 1

Die folgenden Erläuterungen gelten für die LSV 1- und die MSV 1-Prozedur. Der erklärende Text ist mit Bild 9.20 zu vergleichen.

(1) Die Aufforderungsphase bei der Variante 1 wird von der Leitstation durch Aussenden des Übertragungssteuerzeichens EOT (end of transmission) eingeleitet. Das gleichzeitig an alle angeschlossenen Trabantenstationen gesendete EOT bewirkt, daß sie in Grundstellung — eine definierte Ausgangslage — gebracht werden. Erst die Grundstellung ermöglicht es den Trabantenstationen, die nachfolgende Stationsadresse zu bewerten.

Das EOT wird bei der Variante 1 also nicht nur in der Abschlußphase, sondern auch in der Aufforderungsphase verwendet.

(2) Dem EOT folgt die gewünschte Stationsadresse. Sie setzt sich aus der Adresse der AST und des entsprechenden DEG zusammen. Ist das adressierte Gerät ein Eingabegerät (z. B. Lochkartenleser), so wird die Stationsadresse im Prozedur-

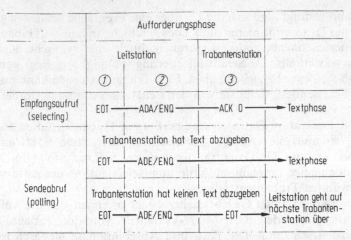

Bild 9.20. Aufforderungsphase bei der Basic-Mode-Variante 1. ADA: Adresse Ausgabegerät (AST + DEG); ADE: Adresse Eingabegerät (AST + DEG)

ablauf mit ADE bezeichnet. Handelt es sich um ein Ausgabegerät (z. B. Drucker), so ist sie durch ADA gekennzeichnet. Anhand der Stationsadresse ist also zu erkennen, ob eine Texteingabe oder eine Textausgabe eingeleitet werden soll. Die Stationsadresse gewährleistet, daß in der anschließenden Textphase nur das ausgewählte DEG in der bestimmten AST anspricht.

Die hier verwendete Stationsadresse ist nicht mit der DEG-Adresse der Textphase zu verwechseln. Die Adresse im ersten Datenblock der Textphase dient aus Sicherheitsgründen der nochmaligen Identifizierung des DEG.

Bild 9.21. Stationsabfrage bei der Basic-Mode-Variante 1

I   Die Adresse der als erste abzufragenden Trabantenstation (Datenquelle) wird von der Leitstation eingestellt.
II Sendeaufforderung (Aufforderungsphase).
III Abfrage: Hat die ausgewählte Trabantenstation Text abzugeben?
IV Trabantenstation ist die Textsendestation (Text- und Beendigungsphase).
V   Abfrage: Sind alle Datenquellen abgefragt worden?
VI Die Abfrage der nächsten Datenquelle wird vorbereitet.
VII Abfrage: Hält die DVA einen abzugebenden Text bereit?
VIII Empfangsaufforderung (Aufforderungsphase).
IX Abfrage: Ist die adressierte Datensenke betriebsklar?
X   Leitstation ist die Textsendestation (Text- und Beendigungsphase).
XI Das Leitungsprogramm meldet dem Benutzerprogramm, daß in der Aufforderungsphase eine Schlecht-Quittung (NAK) empfangen worden ist. Damit wird der für diese gestörte Datensenke bereitstehende Text nicht mehr ausgesendet. Die weitere Behandlung dieses Falles hängt von den Fehlerroutinen des Programmes ab.

156

Ist das gewünschte DEG durch die Stationsadresse ausgewählt, so folgt das Aufforderungssteuerzeichen ENQ. ENQ in Verbindung mit ADE stellt eine Sendeaufforderung (polling), in Verbindung mit ADA eine Empfangsaufforderung (selecting) dar.

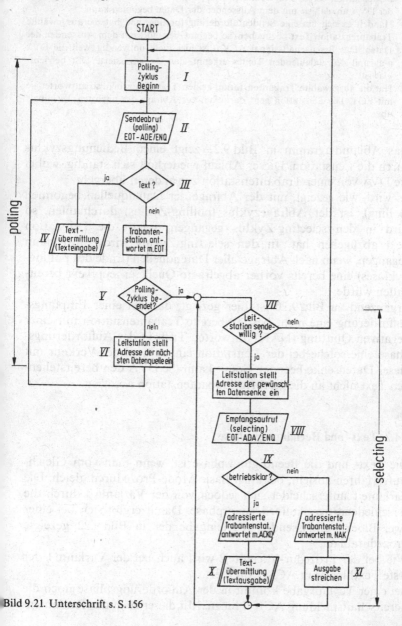

Bild 9.21. Unterschrift s. S. 156

③ Der weitere Ablauf der Aufforderungsphase hängt davon ab, ob es sich um eine Empfangsaufforderung oder eine Sendeaufforderung handelt.

Handelt es sich um eine Empfangsaufforderung und ist die adressierte Trabantenstation bereit, Text aufzunehmen, so antwortet sie mit ACK 0. Das zeigt der DVA an, daß sie mit dem Aussenden der Daten beginnen kann.

Handelt es sich um eine Sendeaufforderung (polling) und hat die ausgewählte Trabantenstation Text abzugeben, so beginnt sie sofort mit dem Aussenden der Daten. Das Bereitschaftssignal ACK 0 ist hier nicht notwendig, weil die DVA aufgrund des einlaufenden Textes erkennt, daß die adressierte DSt betriebsklar ist.

Hat die ausgewählte Trabantenstation keinen Text abzugeben, so antwortet sie mit EOT. Die Leitstation geht daraufhin zur Abfrage des nächsten Terminals über.

Das Ablaufdiagramm in Bild 9.21 zeigt einen Bedienungszyklus durch die Leitstation. Dieser Ablauf wiederholt sich ständig, wobei die DVA von einer Trabantenstation zur anderen übergeht.

Es wird, wie gezeigt, mit der Abfrage der Datenquellen begonnen (polling). Ist der Abfragezyklus (polling-Zyklus) durchlaufen, so wird in den selecting-Zyklus gegangen, sofern die Leitstation Text abzugeben hat. In den selecting-Zyklus wird selbst dann gegangen, wenn nach Abfrage aller Datenquellen (Ende des polling-Zykluses) eine bereits vorher abgefragte Quelle erneut Text bereithalten würde.

Ergänzend zu Bild 9.20 ist hier gezeigt, daß bei einer Empfangsaufforderung eine nicht betriebsbereite Trabantenstation mit einer negativen Quittung (NAK) antwortet. Trifft in der Aufforderungsphase eine solche bei der Leitstation ein, so wird der Verkehr mit dieser Datensenke beendet. Somit kann die DVA den bereitstehenden Text nicht an die gestörte Trabantenstation absetzen.

9.4.2. Text- und Beendigungsphase

Die Text- und die Beendigungsphase ist, wenn man vom Gleichlaufverfahren absieht, bei allen Basic-Mode-Prozeduren gleich. Die Variante 1 unterscheidet sich jedoch von der Variante 2 durch die verschiedenartige Aufforderungsphase. Damit ergibt sich bei einer zwei Blöcke umfassenden Texteingabe der in Bild 9.22 gezeigte Prozedurablauf.

Wie bei der Prozedur-Variante 2 wird auch bei der Variante 1 der erste Textblock mit ACK 1 quittiert.

Bei einer Textausgabe kommt in der Aufforderungsphase noch die Bereitschaftsmeldung ACK 0 hinzu. Mit dieser zeigt die Trabanten-

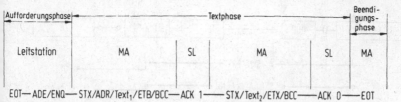

Bild 9.22. Texteingabe bei der Basic-Mode-Variante 1. MA: Master (Textsende-station: hier Trabantenstation); SL: Slave (Textempfangsstation: hier Leitstation)

station der DVA an, daß sie bereit ist, Text aufzunehmen (Bild 9.23). Die Basic-Mode-Prozeduren für Synchronübertragung (MSV 1 und MSV 2) werden vorwiegend für Stapelübertragungen, die Asynchron-prozeduren (LSV 1 und LSV 2) überwiegend im Dialogverkehr ein-gesetzt. Das bedeutet jedoch nicht, daß eine andere Zuordnung aus-geschlossen ist. So gibt es beispielsweise Datensichtstationen, die ihren Dialog mit der ZE über die MSV 1-Prozedur abwickeln. Auch im Asynchronbetrieb arbeitende Stapelstationen sind vereinzelt an-zutreffen.

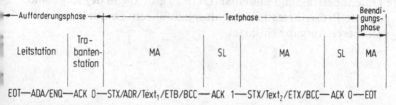

Bild 9.23. Textausgabe bei der Basic-Mode-Variante 1. MA: Master (Textsende-station: hier Leitstation); SL: Slave (Textempfangsstation: hier Trabantenstation)

9.4.3. Realisierung der Prozedur

Der Prozedurablauf wird AST-seitig ausschließlich von der Daten-übertragungssteuerung für Außenstellen (DUSTA), also hardware-mäßig verwirklicht. Im Gegensatz dazu erfolgt die Realisierung der Prozedur auf der DVA-Seite teils hardwaremäßig durch die DUET, größtenteils aber softwaremäßig durch das Leitungsprogramm. Da-bei ist das Hinzufügen der SYN-Zeichen sowie das Erstellen, Hinzu-fügen und Auswerten der Blockprüfzeichen (BCC) Aufgabe der DUET. Alle anderen Übertragungssteuerzeichen, Quittungen und selbstverständlich auch die auszugebenden Daten sind Bestandteile

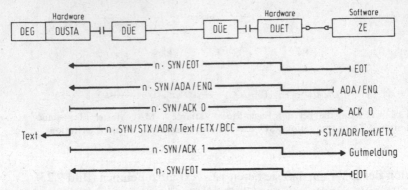

Bild 9.24. Software- und hardwaremäßige Prozedurrealisierung

des entsprechenden Programmes, also der Software, und haben demzufolge im Arbeitsspeicher der ZE zu stehen.

Der MSV1-Prozedurablauf von Bild 9.24 zeigt eine Textausgabe und soll das eben Beschriebene veranschaulichen.

Der Vollständigkeit halber sei erwähnt, daß es auch programmierbare Datenübertragungseinheiten (DUET) gibt, die in der Lage sind, die gesamte Prozedurrealisierung durchzuführen. Dadurch wird die ZE von dieser Aufgabe entlastet.

Aufgaben zum Abschnitt 9
(Lösungen s. Seite 217)

Aufgabe 9.1
Welche DÜE werden in den AST bei Verwendung von Telegrafieleitungen (Telex-Netz) eingesetzt?

Aufgabe 9.2
Welche DÜE sind in Verbindung mit Telegrafieleitungen oder galvanisch durchgeschalteten Leitungen DVA-seitig anzutreffen?

Aufgabe 9.3
Welche DÜE findet im Direktrufnetz Verwendung?

Aufgabe 9.4
Über ein Parallel-Modem werden in 2 Sekunden 40 Zeichen zu je 7 Bit ausgesendet. Wie groß ist die Schrittgeschwindigkeit bzw. die Übertragungsgeschwindigkeit?

Aufgabe 9.5

Dieser Aufgabe liegt die Basic-Mode-Variante 1 zugrunde. Bei einer Empfangsaufforderung (selecting) sei die ausgewählte Trabantenstation zwar eingeschaltet, trotzdem aber nicht betriebsklar. Wie wirkt sich das aus? (Strichdiagramm!)

Aufgabe 9.6

Eine aus nur einem Block bestehende Texteingabe ist für die Variante 1 in Form eines Strichdiagrammes darzustellen!

Aufgabe 9.7

Ergänzen Sie die Textlücken in Tabelle 9.2.

Tabelle 9.2. Zu Aufgabe 9.7

Basic-Mode-Prozedur	MSV 1	MSV 2	LSV 1	LSV 2
Berechtigung zum Beginn der Übertragung (Initiative)	Leitstation	.........- ...... (MA)	....	Textsende-station (MA)
Netz-konfiguration	Mehrpunkt- und Konzentrator-verbindungen	.....-..- .....-	Mehrpunkt- und Konzentrator-verbindungen	.....-..- .....- ....
Übertragungs-weg	Stand-leitungen	Stand- und Wähl-verbindungen	Stand-leitungen	Stand- und Wähl-verbindungen
Gleichlauf-verfahren	....		....	
Daten-sicherung	Zeichenparität, Blockparität, Kreuzsicherung (Zeichen- und Blockparität), zyklische Blocksicherung		Zeichenparität, Blockparität, Kreuzsicherung (Zeichen- und Blockparität)	
Informations-fluß	halbduplex (hdx)			
Übertragungs-code	6-Bit-Transcode, ISO-7-Bit-Code (CCITT Nr. 5), USASCII (7-Bit- und 8-Bit-Code), EBCDIC			

161

Aufgabe 9.8
Bild 9.25 ist an den freien, durch Punkte gekennzeichneten Stellen zu ergänzen.

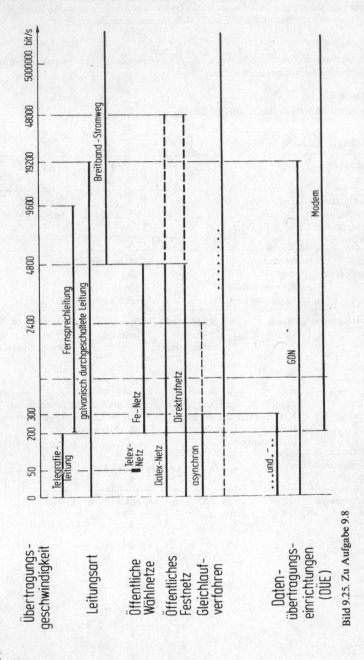

Bild 9.25. Zu Aufgabe 9.8

162

10

Ablauf einer Datenübertragung

Ablauf einer Datenübertragung

Anschließend soll eine DÜ anhand eines Beispieles unter Einbeziehung aller dazu notwendigen Teile gezeigt werden. Für dieses Beispiel ist die MSV 2-Prozedur und eine Texteingabe gewählt worden.

Der nachfolgende Text bezieht sich auf Bild 10.1.

1. Bei den Basic-Mode-Prozeduren der Variante 2 hat immer die sendewillige DSt die Initiative zu ergreifen. Aus diesem Grunde muß hier der Anstoß zur DÜ von der Datenquelle ausgehen. Dies kann z.B. durch Tastendruck nach vorangegangenem Verbindungsaufbau erfolgen. — Eine Mitteilung über das Sendebegehren wird vom DEG an die DUSTA gegeben, die als Folge davon eine Empfangsaufforderung aussendet.

2. Bei der MSV 2-Prozedur setzt sich eine Aufforderung aus $n \cdot$ SYN/ENQ zusammen. Diese Zeichenkombination gelangt über die Fernleitung zur DVA.

3. Dort eingetroffen, werden die SYN-Zeichen zur Synchronisierung der DUET verwendet. An das Leitungsprogramm gelangt die Aufforderung zur DÜ.

163

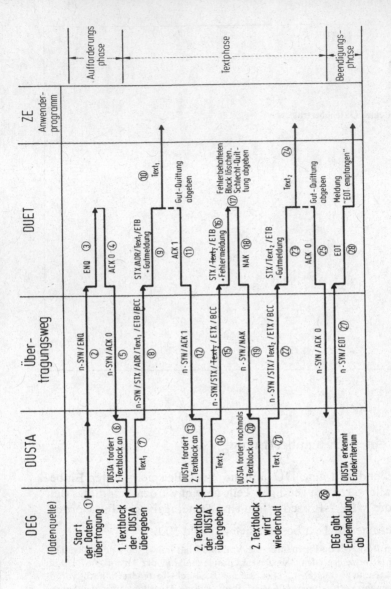

Bild 10.1. Texteingabe mit Hilfe der MSV2-Prozedur

④ Ist das Leitungsprogramm bereit, sich an der DÜ zu beteiligen, so antwortet es mit einer positiven Quittung. Als Antwort auf das einleitende ENQ ist dies ACK 0. — In diesem Zusammenhang soll nochmals darauf hingewiesen werden, daß jedes Leitungsprogramm auf eine bestimmte Prozedur zugeschnitten ist. Arbeitet eine DUET mit verschiedenen DEG zusammen, die unterschiedliche Prozeduren benützen, so müssen der DUET auch unterschiedliche Leitungsprogramme zur Verfügung stehen.

164

(5) Da bei einer Synchronprozedur jeder Zeichenfolge SYN-Zeichen vorangehen müssen, sendet die DUET automatisch zunächst $n \cdot$ SYN aus. Daran schließen sich dann die beiden Zeichen ACK und 0 an.

(6) Erkennt die DUSTA anhand des empfangenen ACK 0, daß die Gegenstelle bereit ist, Daten aufzunehmen, fordert sie vom DEG den ersten Textblock an.

(7) Aufgrund einer DUSTA-Anweisung gibt die Datenquelle den ersten Datenblock ab.

(8) Die DUSTA versieht den Datenblock mit den notwendigen Übertragungssteuerzeichen und sendet ihn zur Gegenstelle. — Neben den Steuerzeichen wird dem ersten Datenblock auch die Adresse der textabgebenden Datenquelle beigefügt. Dies ist notwendig, da an einer DUSTA mehrere Datenquellen und Datensenken angeschlossen sein können. Mit Hilfe der Adresse kann in weiterer Folge die DVA unterscheiden, von welcher Datenquelle der Text stammt. — Das dem Blockendezeichen ETB folgende BCC dient der Übertragungssicherung.

(9) Die DUET gibt den einlaufenden Textblock, Zeichen für Zeichen, an das Leitungsprogramm weiter. Bemerkenswert dabei ist, daß die SYN-Zeichen und das Blockprüfzeichen von der DUET meist schon vorher ausgewertet werden. Das Leitungsprogramm erhält aber davon Kenntnis, ob der Block fehlerfrei übertragen worden ist.

(10) Der ordnungsgemäß empfangene Textblock wird dem Anwenderprogramm übergeben. Erst jetzt stehen die Daten für eine Verarbeitung bereit. —

(11) Als Quittierung für einen ordnungsgemäß empfangenen Textblock bildet die DUET eine positive Quittung, nach dem ersten Datenblock ACK 1.

(12) Die DUET versieht das Quittungssignal mit den beim Synchronbetrieb notwendigen SYN-Zeichen.

(13) Nach Erhalt der positiven Quittung fordert die DUSTA den nächsten Datenblock vom DEG an.

(14) Die Datenquelle stellt den zweiten Block der DUSTA zur Verfügung.

(15) Der zweite Textblock wird ordnungsgemäß ausgesandt, erfährt aber auf der Fernleitung eine Verfälschung.

(16) Aufgrund eines Zeichenparitätsfehlers oder eines negativen BCC-Vergleichs erkennt die DUET den Übertragungsfehler. Demzufolge wird das Leitungsprogramm auf die Störung durch eine Fehlermeldung aufmerksam gemacht.

(17) Aufgrund des Fehlers wird der verfälschte Textblock gelöscht. Damit ist der entsprechende Speicherbereich wieder frei. Gestörte Datenblöcke werden nicht dem Anwendungsprogramm übergeben.

(18) Das Leitungsprogramm quittiert Blockverfälschungen mit NAK.

(19) Das von der DUET ausgehende NAK gelangt über die Fernleitung zur AST.

(20) Anhand der negativen Quittung NAK wird von der DUSTA eine automatische Blockwiederholung eingeleitet. Die DUSTA fordert den zuletzt ausgesendeten Block nochmals vom DEG an.

(21) Die Datenquelle gibt erneut den zweiten Textblock ab.

(22) Blockwiederholung

㉓ Bei der Blockwiederholung sei der zweite Datenblock fehlerfrei übertragen worden.

㉔ Der Text wird dem Anwenderprogramm übergeben. Das Anwenderprogramm führt die aufgabenbezogene Verarbeitung durch.

㉕ Das Leitungsprogramm quittiert die ungestörte Blockwiederholung positiv, aufgrund des Laufnummernwechsels (in bezug auf die letzte positive Quittung) hier mit ACK 0.

㉖ Hat eine Datenquelle alle gewünschten Daten abgegeben, so zeigt sie es durch ein Endekriterium an. So ein Endekriterium kann z. B. ein leeres Karten-Eingabemagazin bei einem Lochkartenleser sein. — Erkennt nun die DUSTA, daß von dem bedienten DEG keine weiteren Daten mehr zu erwarten sind, und ist der zuletzt übertragene Block positiv quittiert worden, so folgt die Beendigungsphase.

㉗ Die DUSTA sendet $n \cdot$ SYN/EOT aus. Damit wird der Gegenstelle das Übertragungsende angezeigt.

㉘ Trifft das Steuerzeichen EOT bei der DUET ein, meldet diese das Ende der Übertragung an das Leitungsprogramm weiter, das seinerseits das Anwenderprogramm davon unterrichtet. — Die Datenfernübertragung ist damit beendet.

Aufgaben zum Abschnitt 10
(Lösung s. Seite 220)

Aufgabe 10.1

Zur Lösung des nachstehenden Kreuzworträtsels darf jederzeit im Buchtext nachgeschlagen werden. Der Vergleich mit der Aufgabenlösung im Anhang soll jedoch erst nach der vollständigen Bearbeitung des Kreuzworträtsels erfolgen.

Waagerecht

1. Verbindung, bei der die Basic-Mode-Prozeduren der Variante 1 angewandt werden.
7. Übertragungssteuerzeichen, das der Aufforderung dient.
8. Zentraleinheit.
9. Übertragungssteuerzeichen, das die DÜ beendet.
10. Durchschaltsteuerzeichen, das in den Vermittlungsstellen die Verbindung herstellt.
11. Blockendezeichen, mit dem bei den Basic-Mode-Prozeduren der letzte Block gekennzeichnet ist.
13. Kurzbezeichnung für die V 24-Schnittstellenleitung „Betriebserde" (gemäß DIN).
14. Programm, das die über die DUET laufenden Ein-Ausgabe-Vorgänge steuert.
16. Kurzbezeichnung für die V 24-Schnittstellenleitung „Betriebsbereitschaft" (gemäß DIN).
17. Rechner (Abkürzung).
18. Abkürzung für ein Umschaltsteuerzeichen, das bei den 5-Bit-Codes angewandt wird. Es bewirkt, daß alle nachfolgenden Zeichen als Ziffern interpretiert werden.
19. Entfernte DST.
22. Englisch: Paritätsbit.
23. Abkürzung für „Baud".
24. Maßeinheit für die Schrittgeschwindigkeit.
25. Bestandteil einer DUET (Abkürzung).
26. Bestandteil einer Mehrkanal-DUET, die als Durchschaltelement dient.
27. Synchronisation, die den Zeitpunkt der Bitübernahme steuert.
29. Datenabgebende Station.

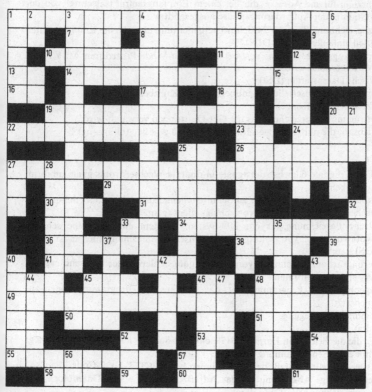

Bild 10.2. Kreuzworträtsel als Aufgabe zum Abschnitt 10

30. Außenstelle (Abkürzung).
31. Schaltelement, das Schrittverzerrungen bewirken kann.
33. Abkürzung für ein Umschaltsteuerzeichen, das bei doppelt belegten Codes angewandt wird. Es bewirkt, daß alle nachfolgenden Zeichen als Buchstaben interpretiert werden.
34. Anstoß zu einer Handlung. Geht z.B. bei Mehrpunkt- und Konzentratorverbindungen von der Leitstation aus.
36. Information abgeben.
38. Anzahl der Prüfbits pro Zeichen bei der Kreuzsicherung.
39. Textempfangende DSt (englische Abkürzung).
41. Abkürzung für „Frequenzmodulation".
43. Abkürzung für die Adresse, die bei einem Sendeabruf (polling) von der Leitstation in der Aufforderungsphase ausgesandt wird.
45. Bei den Basic-Mode-Prozeduren angewandtes Blockendezeichen, wenn noch ein oder mehrere Blöcke nachfolgen.
48. Oberbegriff für DEG+DUSTA bzw. ZE+DUET (Abkürzung).
49. Sammelbegriff für alle Arten von Datenübertragungssteuerungen bzw. Datenübertragungseinheiten (DUSTA, DUET).
50. Betriebsart, bei der die DÜ abwechselnd in beiden Richtungen stattfindet.

167

51. Abkürzung für die Adresse, die bei einem Empfangsaufruf (selecting) von der Leitstation in der Aufforderungsphase ausgesandt wird.
53. Kurzbezeichnung für die V24-Schnittstellenleitung, über die die Empfangsdaten bitseriell einlaufen (gemäß DIN).
54. Übertragungssteuerzeichen, das bei den Basic-Mode-Prozeduren MSV1 und MSV2 angewandt wird.
55. Englisch: Datenstation (DSt).
58. Schnittstelle für bitserielle Datenübertragung (Kurzbezeichnung).
59. Kurzzeichen für „Konzentrator".
60. Übertragungssteuerzeichen, das für Gut-Quittungen verwandt wird.
61. Betriebsart, die nur einseitigen Informationsfluß zuläßt (Abkürzung).

Senkrecht

1. DÜE, die digitale Gleichstromsignale in digitale Wechselstromsignale umformt und umgekehrt.
2. Kurzbezeichnung für eine V24-Schnittstellenleitung, die zum Schutz des Menschen gegen elektrische Stromschläge dient (gemäß DIN).
3. Deutsche Bezeichnung für ein Dfv-System, in dem die AST eine schnelle Antwort von der DVA benötigt. Die englische Bezeichnung hierfür ist „Real Time System".
4. Sicherungsart zur Erkennung von Übertragungsfehlern unter Verwendung von Längs- und Querparitäten.
5. Anlagenbezogenes Programmpaket, das sich aus vier Programmgruppen zusammensetzt.
6. Verbindliche Festlegung.
12. Resultat.
15. DÜE, die die Zeichen in Form von Gleichstromsignalen auf die Fernleitung legt und mit einer Sendespannung von ±0,3 V arbeitet.
20. Wie viele Bitstellen umfaßt der Coderahmen beim CCITT-Nr. 2-Code.
21. Allgemeingültige Abkürzung für das Adreßzeichen im ersten Datenblock, das der Kennzeichnung des DEG dient.
25. Englisch: Sendeabruf (Sendeaufforderung).
27. Englische Abkürzung für „Blockprüfzeichen".
28. Datenübertragung (DÜ).
32. Englisch: Empfangsaufruf (Empfangsaufforderung).
35. Benutzer.
37. Wählnetz, das allein der DÜ vorbehalten ist und im IDN integriert ist.
40. Wann erfolgt die Anwort auf eine Anfrage beim Dialogbetrieb?
42. Internationales Gremium, das Empfehlungen und Richtlinien ausarbeitet. Zwei Ihnen bekannte Codes sind nach diesem Gremium benannt.
44. Textempfangende Station.
46. Bezeichnung eines 8-Bit-Codes (englische Abkürzung).
47. Kurzbezeichnung einer Basic-Mode-Prozedur, die für den Synchronbetrieb bei Punkt-zu-Punkt-Verbindungen geschaffen ist.
48. Frage-Antwort-Betrieb zwischen Mensch und Rechner.
52. Negative Quittung (Abkürzung des Übertragungssteuerzeichens bei den Basic-Mode-Prozeduren).
54. Blockanfangszeichen bei den Basic-Mode-Prozeduren.
56. Kurzbezeichnung für eine V24-Schnittstellenleitung. Das über diese Leitung zur DEE gerichtete Signal zeigt die Sendebereitschaft der DÜE an.
57. Textsendende DSt (englische Abkürzung).

11

HDLC-Prozedur

HDLC-Prozedur

Die HDLC-Prozedur (High Level Data Link Control Procedure)
gehört zur Gruppe der gesicherten Stapel und Dialogprozeduren
(Bild 11.1).

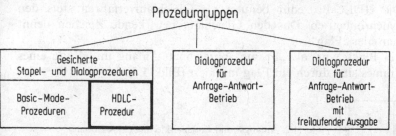

Bild 11.1. Die drei wichtigsten Prozedurgruppen

Die HDLC-Prozedur bietet gegenüber den Basic-Mode-Prozeduren die nachfolgend aufgeführten Vorteile.

1. Höhere Zuverlässigkeit, da:
Höhere Übertragungssicherheit durch ausschließlich zyklische Blocksicherung.
Textblöcke werden numeriert und somit gegen Verlust geschützt.
Alle Übermittlungen werden vom zyklischen Blockprüfzeichen erfaßt einschließlich der Steuerelemente wie Adressen, Befehle, Meldungen und Quittungen.

2. Höhere Übertragungsrate, da:
Meist Zusammenfassung einzelner Textblöcke zu einer Blockfolge. Der Empfänger antwortet nur mit einer einzigen Quittung für alle Blöcke der Blockfolge, was Übertragungszeit einspart.
Das Zusammenfassen mehrerer Textblöcke zu einer Blockfolge ermöglicht gleichzeitigen Informationsfluß in beiden Richtungen (dx-Betrieb).

3. Höhere Leitungsausnutzung durch
Vollduplex-Betrieb (dx).

4. Gute Erweiterungsmöglichkeiten durch Vergrößerung von Adreß- und Steuerfelder.

5. Anwendbarkeit in allen Netzkonfigurationen.

6. Codeunabhängige DÜ.

Um sich im Bezeichnungs-Babylon der Datenverarbeitung zurechtzufinden ist es unumgänglich, sich weitere, bei der HDLC-Prozedur verwendete Ausdrücke einzuprägen. Manche dieser neuen Ausdrücke bezeichnen jedoch nur bereits bekannte Begriffe.

FLAG und FRAME

Flag: Markierungszeichen
Frame: Block

Die HDLC-Prozedur benutzt als Gleichlaufverfahren stets den Synchronbetrieb. Das den Gleichlauf bewirkende Zeichen nennt man hier „Flag".
Ein Block wird als „Frame" bezeichnet. Anfang und Ende eines Frames sind durch ein Flag markiert (Bild 11.2).

Bild 11.2. Anfangs- und Endemarkierung eines Frames
mittels Flag-Zeichen

Es wird zwischen Informationsframes (I-Frame) und Steuerframes unterschieden. Ein Informationsframe beinhaltet Textzeichen, ein Steuerframe Befehle oder Meldungen. Der Aufbau beider Frame-Typen unterscheidet sich nur durch das Vorhandensein oder Fehlen eines Informationsfeldes.

Werden mehrere Frames direkt aufeinanderfolgend gesendet, was üblich ist, so wird zwischen den Frames nur ein Flag eingefügt. Dieses Flag ist dann zugleich Abschluß-Flag des einen Frames und Anfangs-Flag des folgenden Frames (Bild 11.3).

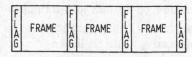

Bild 11.3. Zusammenfassung mehrerer
Frames zu einer Frame-Folge

PRIMARY und SECONDARY

Primary : Leitsteuerung (Leitstation)
Secondary: Folgesteuerung (Trabantenstation)

Bei der HDLC-Prozedur wird die Datenübertragung ausschließlich von der Leitsteuerung geregelt. Diese, auch Primary genannte Leitsteuerung ist verantwortlich für die Einleitung des Datenflusses, für die Steuerung des Datenflusses, die Auslösung aller Wiederherstellungsfunktionen im Fehlerfall und die Beendigung der DÜ (Bild 11.4).

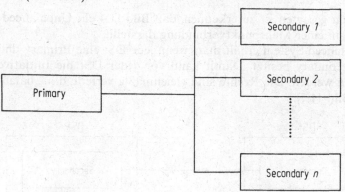

Bild 11.4. Primary und Secondary in einer Mehrpunktverbindung

Um gezielt eine bestimmte Secondary anzusprechen ist es notwendig, jeder dieser Secondaries eine Adresse zuzuordnen. In jedem Frame ist ein Adreßfeld. Dieses Adreßfeld enthält die zur Seconda-ry-Bestimmung notwendige Adresse (Bild 11.5).

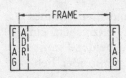

Bild 11.5. Secondary-Adresse

Ist die Primary die Sendestation, so bestimmt die Adresse diejenige Secondary, die den entsprechenden Frame zu empfangen hat.
Ist die Secondary die Sendestation, so zeigt die Adresse der empfangenden Primary an, woher der Frame stammt.

Unbalanced-System und Balanced-System

Unbalanced: unausgeglichen
Balanced : ausgeglichen

In einem Unbalanced-System existiert nur eine Primary und eine oder mehrere Secondaries. Wie bereits erwähnt, steht nur der Primary das Recht zu, die Initiative zur Datenübertragung zu ergreifen. Die Secondary kann nur senden, wenn sie dazu von der Primary aufgefordert worden ist. In dieser Art von System sind die Rechte ungleichmäßig verteilt, d.h. „unbalanced" (Bild 11.6).

Bild 11.6. Unbalanced System in einer Punkt-zu-Punkt-Verbindung

Aus dem gesagten ist zu erkennen, daß Bild 11.4 ein Unbalanced-System in einer Mehrpunktverbindung darstellt.
Ein Balanced-System erhält man, wenn jede DSt eine Primary und eine Secondary besitzt. Damit kann von jeder DSt die Initiative ergriffen werden. Die Rechte sind gleichmäßig verteilt, d.h. „balanced" (Bild 11.7).

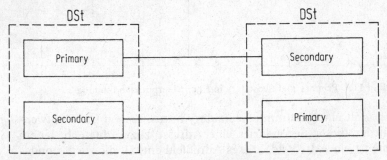

Bild 11.7. Balanced-System in einer Punkt-zu-Punkt-Verbindung

Bild 11.8 zeigt praktische Anwendungsfälle für ein Unbalanced-System und ein Balanced-System.

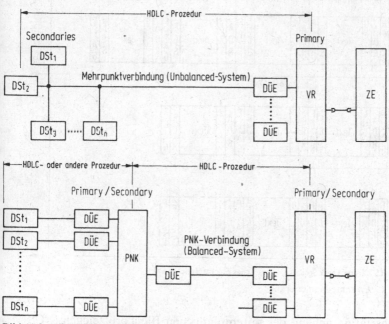

Bild 11.8. HDLC-Prozedur-Bereich

Frame- und Quittungsnummer

Jeder gesendete I-Frame erhält zur Unterscheidung eine bestimmte Nummer. Die Durchnumerierung erfolgt meist im Modulo-8-Zyklus. Das bedeutet, die Numerierung der I-Frames erfolgt von 0 bis 7 und beginnt dann erneut bei 0. Damit tragen 8 aufeinanderfolgende I-Frames jeweils eine andere Ziffer, die von der empfangenden Station zur Kontrolle herangezogen werden.

Die Frame-Nummer befindet sich neben anderen Ablaufdaten im sogenannten Steuerfeld.

Um das Gesagte zu verdeutlichen, soll das nachfolgende Beispiel dienen (Bild 11.9). Die Quittungen der Textempfangsstation sollen zunächst unberücksichtigt bleiben.

Liegt der Prozedur der Modulo-8-Numerierungszyklus zugrunde, so besteht eine Frame-Folge aus maximal acht I-Frames.

Die Textempfangsstation muß selbstverständlich jeden, aus maximal sieben I-Frames bestehende Frame-Folge quittieren. Die Feststellung, ob die Datenübertragung fehlerfrei war, trifft die Emp-

173

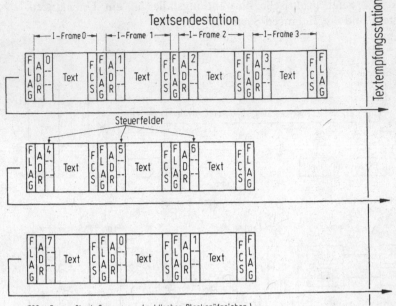

FCS   Frame Check Sequence   (zyklisches Blockprüfzeichen)

Bild 11.9. Frame-Numerierung

fangsstation anhand der mitempfangenen Blockprüfzeichen (FCS). Wie im Abschnitt 8 erwähnt, wird dieses Blockprüfzeichen — hier FCS genannt — einem mathematischen Polynom entsprechend gebildet und verglichen.

Die Quittung ist nichts anderes als die Nummer des als nächsten erwarteten I-Frames. Diese Quittungsnummer befindet sich im Steuerfeld (Bild 11.10).

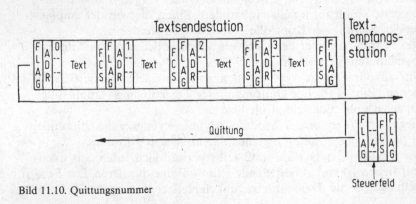

Bild 11.10. Quittungsnummer

Haben beide Stationen Text abzugeben, so beinhaltet das Steuerfeld sowohl die Frame- als auch die Quittungsnummer (Bild 11.11).

Allen nachfolgenden Ablauf-Darstellungen liegt der Überschaubarkeit wegen ein hdx-Betrieb zugrunde.

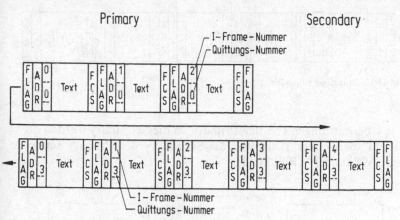

Bild 11.11. Frame- und Quittungsnummer in I-Frames bei hdx-Betrieb

Aus vorstehender Abbildung ist zu erkennen, daß bei hdx-Betrieb die Quittungsnummer in allen I-Frames einer Frame-Folge unverändert wiederholt wird.

Poll- und Final-Bit

Poll-Bit : Sendeaufforderung an die Secondary
Final-Bit: Endemitteilung an die Primary

Die Secondary kann nur dann in den Sendezustand gehen, wenn sie dazu von der Primary mit Hilfe des Poll-Bits (P-Bit) aufgefordert worden ist.

Mit Hilfe des F-Bits teilt die Secondary der Primary mit, daß der Sendevorgang der Secondary beendet ist. Werden mehrere Frames aneinandergereiht, so wird im letzten das F-Bit gesetzt (Bild 11.12).

P- oder F-Bit sind im Steuerfeld untergebracht.

Befehle und Meldungen

Wie erwähnt steuert die Primary den Übertragungsablauf. Dazu bedarf es einiger Befehle und Meldungen, die zwischen Primary und Secondary ausgetauscht werden. Befehl oder Meldung wird im Steuerfeld eines I-Frames oder eines Steuerframes übertragen.

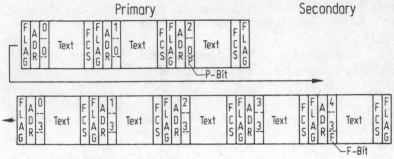

Primary   Secondary

Bild 11.12. Poll- und Final-Bit

Alle Übermittlungen von der Primary an die Secondary werden als „Befehl" bezeichnet. Alles was die Secondary der Primary sendet sind „Meldungen" (Bild 11.13).

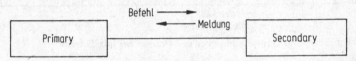

Bild 11.13. Übertragungsrichtung von Befehl und Meldung

Um sich eine Vorstellung von der Art dieser Befehle und Meldungen machen zu können, sind einige nachfolgend kurz erläutert.

SNRM: Set Normal Response Mode.
           Erster Befehl der Primary an die Secondary als Aufforderung zur Datenübertragung.

DISC: Disconnect.
           Mit diesem Befehl veranlaßt die Primary die Beendigung der Datenübertragung.

UA: Unnumbered Acknowledge.
           Die Secondary antwortet mit dieser Meldung auf den Befehl SNRM oder DISC.

RR: Receive Ready.
           Station ist empfangsbereit. Diese Meldung beinhaltet gleichzeitig eine positive oder negative Quittung.

RNR: Receive not Ready.
           Station ist nicht empfangsbereit. Diese Meldung beinhaltet gleichzeitig eine positive oder negative Quittung.

Vereinfachte Ablaufdarstellung

Um einen umfangreicheren Ablauf übersichtlich darzustellen, wird häufig eine Abbildungsweise gewählt, bei der man auf Angaben verzichtet, die nicht unbedingt zum Verständnis notwendig sind. Solch unnötige Angaben sind Flags, Secondary-Adresse und das zyklische Blockprüfzeichen FCS.

Zur Erläuterung soll die Gegenüberstellung von Bild 11.14 dienen, der wiederum ein hdx-Betrieb zugrunde liegt.

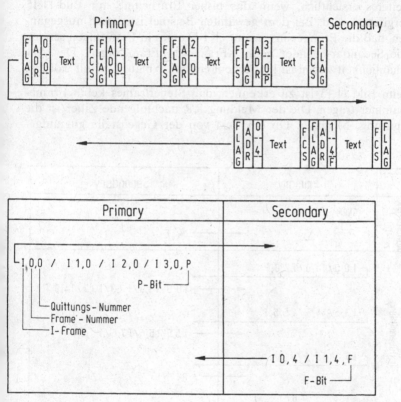

Bild 11.14. Blockbildsymbolik und vereinfachte Darstellung mittels Strichdiagramm

Bei der vereinfachten Darstellung wird den I-Frames ein „I" vorangestellt. Dies dient der Unterscheidung von einem Steuerframe. Ein Steuerframe unterscheidet sich vom I-Frame jedoch nur durch das Fehlen des Information-Feldes (Textfeld).

Prozedurablauf

Wie bekannt gliedert sich eine DÜ in fünf Phasen:

Phase 1: Verbindungsaufbau,
Phase 2: Aufforderung zur Datenübertragung,
Phase 3: Textübermittlung,
Phase 4: Beendigung der Datenübertragung,
Phase 5: Verbindungsabbau.

Eine Prozedur, gleichgültig welche, bezieht sich nur auf die Phasen zwei, drei und vier. Der Ablauf einer fehlerfreien DÜ wird ohne weiteres ersichtlich, wenn das bisher Erarbeitete mit Bild 11.15 verglichen wird. Bei dem gewählten Beispiel ist davon ausgegangen, daß die Primary insgesamt elf I-Frames in Framfolgen sendet. Die Secondary sendet neun I-Frames in Framefolgen. Der Anschaulichkeit wegen ist hier erneut ein hdx-Ablauf gewählt worden.

Beim Bild 11.15 ist zu erkennen, daß Steuerframes keine Frame-Nummer tragen. Die der Meldung RR nachfolgende Ziffer ist die Quittungs-Nummer. Ob ein Text von der Gegenstelle gut aufge-

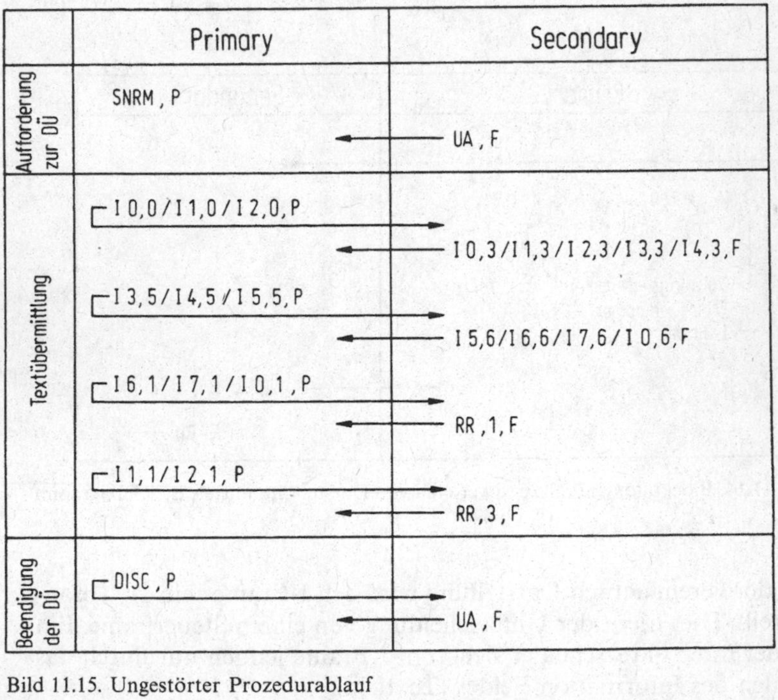

Bild 11.15. Ungestörter Prozedurablauf

nommen worden ist, kann die Sendestation also stets anhand der erhaltenen Quittungs-Nummer feststellen.

Den Prozedurverlauf bei einer gestörten DÜ soll das nachfolgende Bild zeigen. Diesem Beispiel liegt dieselbe Aufgabenstellung zugrunde wie dem vorangegangenen. Zum Unterschied sei hier jedoch ein Fehler beim fünften und beim letzten von der Primary ausgesendeten I-Frame aufgetreten.

Die Quittungs-Nummer bezeichnet immer den nächsten von der Textempfangsstation erwarteten I-Frame. War eine Störung aufgetreten, so kennzeichnet die Quittungs-Nummer den gestörten I-Frame. Ab dieser Stelle wird der Text wiederholt (Bild 11.16).

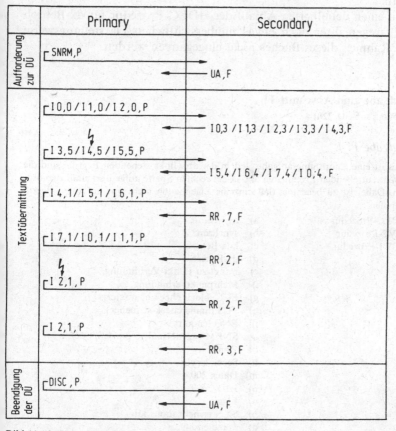

Bild 11.16. Gestörter Prozedurablauf mit Fehlerkorrektur

Wie zu sehen ist, wird hier ein Übertragungsfehler durch Textwiederholung ab dem gestörten Frame korrigiert. Es kann aber auch nur der gestörte I-Frame allein nochmals abgerufen werden. Dadurch entfällt die überflüssige Wiederholung der nachfolgenden, bereits gut aufgenommenen I-Frames.

Duplex-Betrieb bei der HDLC-Prozedur

Die HDLC-Prozedur läuft im dx-Betrieb so ab wie bisher an den hdx-Beispielen gezeigt worden ist. Unterschiedlich ist nur, daß bei dx-Betrieb im Abschnitt „Textübermittlung" die Framefolgen in beiden Richtungen gleichzeitig ablaufen. Das hat zur Folge, daß sich die Quittungsnummern im Steuerfeld der jeweils gegenläufigen Frames entsprechend der empfangenen Frames fortlaufend ändern.

Auf einen detaillierten Ablauf der HDLC-Prozedur für dx-Betrieb soll wegen ihrer doch etwas unübersichtlichen Darstellungsweise im Rahmen dieses Buches nicht eingegangen werden.

Aufgabe zum Abschnitt 11
(Lösung s. Seite 220)

Aufgabe 11.1

Dies ist eine Zuordnungsaufgabe. Jedem der drei links stehenden Begriffe sind die jeweils zutreffenden Eigenheiten, die in der rechten Spalte aufgeführt sind, zuzuordnen. Dabei ist zu beachten, daß einzelne Eigenheiten nicht nur auf einen Begriff zutreffen.

HDLC-Prozedur	a)	asynchron,
LSV 2-Prozedur	b)	synchron,
MSV 1-Prozedur	c)	hdx-Betrieb,
	d)	dx-Betrieb,
	e)	Punkt-zu-Punkt-Verbindung,
	f)	Mehrpunktverbindung,
	g)	BCC (block check character),
	h)	FCS (frame check sequence),
	i)	ENQ (enquiry),
	j)	SNRM (set normal response mode)
	k)	Primary,
	l)	Secondary,
	m)	Datex 200,
	n)	HfD 2400,
	o)	Flag,
	p)	SYN (synchronous idle),
	q)	Standleitung,
	r)	Wählverbindung.

Anhang

Zusammenstellung der verwendeten Abkürzungen

ACK	acknowledgement (positive Quittung)	DUP	Datenübertragungsprozessor
ADA	Adresse für Ausgabegerät	DUST	Datenübertragungssteuerung
ADE	Adresse für Eingabegerät	DUSTA	Datenübertragungssteuerung für Außenstellen
ADR	Adresse		
AGT	Anschlußgerät (DÜE)	Dv	Datenverarbeitung
AST	Außenstelle	DVA	Datenverarbeitungsanlage
AWD	Automatische Wähleinrichtung f. Datenverbindg.	DSR	Datenstationsrechner
		dx	vollduplex, duplex
b	Bit	EBCDIC	extended binary coded decimal interchange code
BCC	block check character (Blockprüfzeichen)	ENQ	enquiry (Stationsaufforderung)
BCS	block check sequence (zyklisches Blockprüfzeichen)	EOT	end of transmission (Übertragungsende)
Bd	Baud (Maßeinheit für die Schrittgeschwindigkeit)	ETB	end of text block (Blockendezeichen)
Bu	Buchstabenumschaltung	ETX	end of text (Textendezeichen)
CCITT	Comité Consultatif International Télégraphique et Téléphonique	F-Bit	Final-Bit (Endemitteilung)
		FCS	frame check sequence (zyklisches Blockprüfzeichen)
D-AE	Datenanschlußeinheit	Fe	Fernsprech (z.B. Fe-Netz)
DAG	Datenanschlußgerät (DÜE)	FGt	Fernschaltgerät
D-An	Datenanschlußsatz	FNI	Fachnormenausschuß Informationsverarbeitung im deutschen Normenausschuß
Datel	Sammelbegriff für „data telecommunication — data telegraph — data telephone"		
Datex	data exchange	GDN	Gleichstromdatenübertragungseinrichtung für niedrige Sendespannung
DEE	Datenendeinrichtung		
DEG	Datenendgerät		
DFG	Datenfernschaltgerät (DÜE)	HDLC	high level data link control (Prozedurart)
Dfv	Datenfernverarbeitung	hx	halbduplex (Wechselbetrieb)
DIN	Deutsches Institut für Normung	HfD	Hauptanschluß für Direktruf
DSt	Datenstation	Hz	Hertz (Maßeinheit der Frequenz)
DÜ	Datenfernübertragung, Datenübertragung		
DÜE	Datenübertragungseinrichtung	IA	internationales Alphabet (Code)
DUET	Datenübertragungseinheit	IDN	Integriertes Text- und Datennetz

181

ISO	International Organization for Standardization	s	Sekunde
ITA	internationales Telegrafenalphabet (CCITT-Nr. 2)	SL	slave station (Textempfangsstation)
		STX	start of text (Blockanfangszeichen)
K	Konzentrator	sx	simplex (Gegenbetrieb)
		SYN	synchronous idle (Synchronisationszeichen)
LP	Leitungsprogramm		
LSV 1	low speed variant 1 (Basic-Mode-Prozedur)	T	Telegrafie (z. B. T-Leitung)
LSV 2	low speed variant 2 (Basic-Mode-Prozedur)	Telex	teleprinter exchange
		τ	Sollwert der Schrittdauer
MA	master station (Textsendestation)	UIT	Union International des Télécommunications
Modem	Modulator + Demodulator	USASCII	United States of America Standard Code for Information Interchange
MSV 1	medium speed variant 1 (Basic-Mode-Prozedur)		
MSV 2	medium speed variant 2 (Basic-Mode-Prozedur)		
NAK	negative acknowledgement (negative Quittung)	VR	Vorrechner
		VSt	Vermittlungsstelle
NTG	Nachrichtentechnische Gesellschaft	V 24	Schnittstelle für bitserielle Zeichenübertragung
		V 30	Schnittstelle für bitparallele Zeichenübertragung
PF	Puffer		
PNK	Programmierbarer Netzknoten	ZE	Zentraleinheit, Rechner
PS	Plattenspeicher	Zi	Ziffernumschaltung

Kurzdefinition von Fachwörtern

Fachwort	Definition bei	Erläuterung
Anschlußgerät (AGT)		DÜE für DÜ-Geschwindigkeiten ≤ 300 bit/s
Anwenderprogramm		Aufgabenbezogenes Programm, das die Verarbeitung der Daten durchführt. Es wird vielfach vom Benutzer selbst erstellt.
Adresse	DIN 44 300 [1])	Kennzeichnung eines Speicherplatzes oder einer Datenstation.
Amplitudenmodulation (amplitude modulation)	UIT 32.29 [2])	Entsprechend dem Binärwert (1 oder 0) eines Bits wird der Trägerwechselstrom gesendet (1) oder unterbrochen (0).

[1]) DIN: Deutsches Institut für Normung
[2]) UIT: Union International des Télécommunications

Fachwort	Definition bei	Erläuterung
Analoges Signal	DIN 44300	Ein Signal, bei dem einem kontinuierlichen Wertebereich des Signalparameters Punkt für Punkt unterschiedliche Informationen zugeordnet sind.
Asynchron-verfahren (asynchronous operation)	UIT 34.13	Der Gleichlauf wird *nur* für die Dauer eines Zeichens hergestellt und aufrechterhalten. Auch Start-Stop-Verfahren genannt.
Baud (Bd)		Maßeinheit für die Schrittgeschwindigkeit (s. d.).
Beantwortungs-zeit	DIN 44300	Die Zeit, die zwischen dem Ende der Aufgaben-stellung und dem Vorliegen der vollständigen Antwort vergeht.
Betriebsarten	DIN 44302	Sie kennzeichnen die Richtung des Datenflusses.
Betriebssystem	DIN 44300	Sammelbegriff für anlagenbezogene Programme, die die Abwicklung von Anwenderprogrammen steuern und überwachen. Das Betriebssystem wird vom Anlagenhersteller mitgeliefert.
binär (binary)	DIN 44300	Die Datenverarbeitung arbeitet mit binären Zeichen (Bit). Dabei kann ein Bit den Zustand 0 oder 1 annehmen.
Bit	DIN 44300	Kurzform für Binärzeichen (Binärelement). Es kann den Zustand 0 oder 1 annehmen.
Bitfehler-häufigkeit	NTG 1202[3])	Häufigkeit der verfälschten Binärzeichen (Bit).
Block		Siehe Datenübertragungsblock.
Blockfehler-häufigkeit		Zahl der fehlerhaften Blöcke, bezogen auf die Gesamtzahl der übertragenen Nachrichtenblök-ke
Blockprüfung (block check)	DIN 44302	Eine Übertragungsfehlerüberwachung, die meh-rere zusammengehörige Zeichen umfaßt.
Byte		Ein aus 8 Bit bestehendes Zeichen, das häufig auch noch als neuntes Bit ein Paritätsbit be-inhaltet. Das Paritätsbit dient der Datensicherung.
Code	DIN 44300	Vorschrift wie die einzelnen Zeichen abzubilden sind.

---

[3]) NTG: Nachrichtentechnische Gesellschaft

Fachwort	Definition bei	Erläuterung
Coderahmen	NTG 1202	Er gibt die Anzahl der Informationsbits an, durch die ein Zeichen in einem bestimmten Code dargestellt wird (ohne Paritätsbit, Start- und Stopschritt).
Command		Befehl (von der Primary gesendet)
Daten	DIN 44300	Informationen, die aus automatischen Verarbeitungsprozessen stammen oder für solche bestimmt sind.
Datenanschluß-einheit (D-AE)		Sie setzt sich aus mehreren Datenanschlußsätzen zusammen.
Datenanschluß-gerät (DAG)		DÜE für Standleitungen
Datenanschluß-satz (D-An)		DVA-seitige Datenübertragungseinrichtung (DÜE) für Telegrafieleitungen.
Datenblock		Siehe Datenübertragungsblock.
Datenend-einrichtung (DEE)	DIN 44302	Sie kann bestehen aus einem oder mehreren Ein- und Ausgabegeräten (Datenendgeräten), einer Steuerungs-, Fehlerschutz- und Synchronisiereinheit, einem Rechenwerk sowie einer Fernbetriebseinheit (DUET oder DUSTA).
Datenendgerät		Gerät, das der Ein- oder Ausgabe von Daten dient (z. B. Datensichtstation, Fernschreiber, Drucker, Lochkarten- und Lochstreifengeräte usw.) und in Fernübertragungssystemen eingesetzt werden kann. Zum Datenendgerät zählt die Ein/Ausgabesteuerung, nicht aber die Datenübertragungssteuerung.
Datenfernschalt-gerät (DFG)		DÜE für Wählteilnehmer oder Standverbindungen. Nicht zu verwechseln mit Fernschaltgerät FGt.
Datenquelle (data source)	DIN 44302	Sie ist der Teil einer Datenendeinrichtung (DEE), der Daten liefern kann.
Datensenke (data sink)	DIN 44302	Sie ist derjenige Teil einer Datenendeinrichtung (DEE), der Daten aufnehmen kann.
Datensicherung	NTG 1202	Verfahren zur Herabsetzung der Fehlerhäufigkeit.

Fachwort	Definition bei	Erläuterung
Datenspeicher	DIN 44 300	Mittel zur Aufbewahrung von Daten (z. B. Kernspeicher, Magnetband, Lochkarte, Lochstreifen, Magnetplatte usw.).
Datenstation (DSt, terminal)	DIN 44 302	Sie besteht aus Datenendeinrichtung (DEE) und Datenübertragungseinrichtung (DÜE). Man unterscheidet eigene oder ferne, rufende oder gerufene und Leit- oder Gegenstation.
Datenübertragungsblock	DIN 44 302	Eine begrenzte Menge von Daten, die zum Zwecke einer gesicherten Datenübertragung als eine Einheit behandelt wird. Die Größe der Menge kann von Fall zu Fall verschieden sein. Anfang und Ende eines Datenübertragungsblocks sind meist in geeigneter Weise gekennzeichnet.
Datenübertragungseinheit (DUET)		Steuerungselement, das sich aus der Datenübertragungssteuerung (DUST) und den Puffer(n) zusammensetzt. Es ist zwischen einer Einkanal-DUET und einer Mehrkanal-DUET zu unterscheiden. An eine Einkanal-DUET kann nur eine Gegenstelle angeschlossen werden, an eine Mehrkanal-DUET mehrere. Die DUET dient der Übertragungssteuerung. Sie wird oft auch als Fernbetriebseinheit bezeichnet (siehe Fernbetriebseinheit).
Datenübertragungseinrichtung (DÜE)	DIN 44 302	Sie dient der Umsetzung von leitungsspezifischen Signalformen und Spannungen in gerätespezifische. Die DÜE ist das Bindeglied zwischen der Übertragungsleitung und der Datenendeinrichtung (DEE).
Datenübertragungsprozessor (DUP)		Steuer- und Rechenwerk einer Datenübertragungssteuerung (DUST)
Datenübertragungssteuerung (DUST)		Bindeglied zwischen Rechner und Puffer(n), das der Koordinierung des Datenaustausches dient.
Datenübertragungssteuerung für Außenstellen (DUSTA)		Außenstellenseitige Einrichtung zur Steuerung des Betriebsablaufes. An eine DUSTA können mehrere Datenendgeräte angeschlossen werden. Die DUSTA wird vielfach auch als Fernbetriebseinheit bezeichnet (siehe Fernbetriebseinheit).
Datenverarbeitungsanlage (DVA)	DIN 44 300	Die Gesamtheit der Baueinheiten, aus denen ein Rechensystem aufgebaut ist.

Fachwort	Definition bei	Erläuterung
Dialogbetrieb (inquiry-response)	DIN 44 300	Auf jede Einzelanfrage folgt unmittelbar eine Antwort.
Digitales Signal	DIN 44 300	Ein Signal mit zwei Wertebereichen des Signalparameters, wobei jedem Wertebereich als Ganzem eine bestimmte Information zugeordnet ist.
Direkte Datenfernverarbeitung (on-line)		Datenfernverarbeitung, bei der Daten unmittelbar in eine DVA oder aus einer DVA fernübertragen werden.
Doppelstrombetrieb		Entsprechend dem Binärwert (1 oder 0) eines Bits wird die Stromrichtung gewechselt.
Duplexbetrieb dx (full-duplex)	DIN 44 302	Betrieb gleichzeitig in beiden Richtungen. Der Duplexbetrieb wird vielfach auch Vollduplexbetrieb oder Gegenbetrieb genannt.
Effektive Datenübertragungsgeschwindigkeit		Siehe Transfergeschwindigkeit.
Einfachstrombetrieb		Entsprechend dem Binärwert (1 oder 0) eines Bits ist der Stromkreis geschlossen oder offen. Das bedeutet, daß in der Fernleitung Strom fließt (binäre 1) oder kein Strom fließt (binäre 0).
Empfangsaufruf (selecting)	DIN 44 302	Die von der Leitstation ausgehende und an eine Trabantenstation gerichtete Aufforderung, als Textempfangsstation zu arbeiten.
Empfangsstation		Siehe Textempfangsstation.
Fernbetriebseinheit (FBt)	DIN 44 302	Einrichtung, die zur Steuerung des Betriebsablaufes in Datenübertragungssystemen dient. Fernbetriebseinheiten sind abhängig von ihrem Einsatzort (AST oder DVA) unterschiedlich aufgebaut. Die AST-seitige FBt wird auch DUSTA (Datenübertragungssteuerung für Außenstellen), die DVA-seitig eingesetzte auch DUET (Datenübertragungseinheit) genannt. Die FBt kann beinhalten: Datenaufbereitungsteil (z. B. Serien-Parallel-Umsetzung), Überwachungsteil, Stationskennungsteil, Steuerung.
Fernschaltgerät (FGt)	NTG 1202	Zwischen Telegrafieleitung und Datenendeinrichtung (DEE) geschaltetes Gerät, das AST-seitig eingesetzt wird. Es dient neben anderem dem manuellen Verbindungsauf- und -abbau. Siehe auch Datenübertragungseinrichtung (DÜE).
Festverbindung		Eine dauernd bestehende Verbindung (fest geschaltet).

Fachwort	Definition bei	Erläuterung
Flag		Blockbegrenzungszeichen für Frames.
Folgesteuerung		Siehe Secondary.
Frame		Datenübertragungsblock, dessen Anfang und Ende durch ein Flag gekennzeichnet ist.
Freilaufende Nachricht		Daten, die von der DVA ausgegeben werden ohne vorherige Anfrage der entsprechenden Datenstation (DSt).
Frequenzmodulation	UIT 32.30	Entsprechend dem Binärwert (0 oder 1) eines Bits wird die Frequenz des Trägerwechselstromes geändert. Dabei entspricht die niedrigere Frequenz der binären 1, die höhere der binären 0.
Gegenbetrieb		Siehe Duplexbetrieb
Gleichlaufverfahren		Verfahren, mit dem die Synchronisation zwischen Sende- und Empfangsstation hergestellt und aufrechterhalten wird.
Gleichstromdatenübertragungseinrichtung für niedrige Sendespannung (GDN)		Datenübertragungseinrichtung (DÜE), die bei galvanisch durchgeschalteten Fernleitungen eingesetzt werden kann und mit einer Sendespannung von 0,3 V arbeitet. Siehe Datenübertragungseinrichtung (DÜE).
Halbduplexbetrieb hdx (hx) (half-duplex)	DIN 44302	Betrieb abwechselnd in beiden Richtungen (Wechselbetrieb.
Indirekte Datenfernverarbeitung (off-line)		Übertragene bzw. zu übertragende Daten werden vor bzw. nach der Verarbeitung in der DVA auf maschinenlesbaren Datenträgern zwischengespeichert.
Kennungsgeber	NTG 1202	Einrichtung zum automatischen Aussenden der Kennung zur Identifizierung des Teilnehmers.
Konzentrator		Vermittlungseinrichtung, die über eine oder wenige Übertragungswege mit einer Zentrale (DVA) und über viele Übertragungswege mit Ein/Ausgabebesteuerungen (Datenendeinrichtungen) verbunden ist.
Kreuzsicherung	NTG 1202	Gleichzeitige Anwendung von Quer- und Längsparität zur blockweisen Datensicherung.

187

Fachwort	Definition bei	Erläuterung
Längsparität	NTG 1202	Parität über die gleichgeordneten Bits über mehrere Zeichen hinweg.
Leitstation	DIN 44302	Diejenige Datenstation (DSt), von der in einer Mehrpunkt- oder Konzentratorverbindung stets die Initiative zur Einleitung einer Datenübertragung ausgeht.
Leitsteuerung		Siehe Primary
Leitungs-programm		Dieses Programm befindet sich in der DUET und realisiert die DÜ-Prozedur
Maschennetz	NTG 1202	Übertragungsnetz, in dem jede Vermittlungsstelle mit jeder anderen verbunden ist.
Mehrpunkt-Verbindung (party-line)		Sie ist ein über Leitungsverzweiger bzw. Schnittstellenvervielfacher führender Übertragungsweg, der mehr als zwei Datenstationen (DSt) miteinander verbindet.
Modem	NTG 1202	Signalumsetzer, bestehend aus Modulator und Demodulator. Er dient der Übertragung von Gleichstromsignalen über wechselstromdurchlässige Leitungen. Siehe Datenübertragungseinrichtung (DÜE).
Modulations-arten	UIT 02.28	Sie kennzeichnen die Art der Umsetzung der Bits eines Zeichens in elektrisch übertragbare Signale.
Nachrichten-quelle		Siehe Datenquelle.
Nachrichten-senke		Siehe Datensenke.
normierter Modus		Die im Code festgelegten Bitkombinationen für Datenübertragungssteuerzeichen dürfen für keinen anderen Zweck als zur Übertragungssteuerung verwendet werden.
Parallel-übertragung	DIN 44302	Die Bits eines Zeichens werden gleichzeitig auf mehreren Leitungen oder Übertragungskanälen übertragen.
Periphere Einheit	DIN 44300	Jede Funktionseinheit innerhalb eines digitalen Rechensystems mit Ausnahme der Zentraleinheit.
Phasen-modulation	UIT 32.30	Entsprechend dem Binärwert (0 oder 1) eines Bits wird die Phasenlage des Trägerwechselstromes geändert.

Fachwort	Definition bei	Erläuterung
Primary		Leitsteuerung. Sie ist für die Einleitung und Steuerung des Datenflusses verantwortlich.
Programm	DIN 44 300	Eine vollständige Anweisung zur Lösung einer Aufgabe mittels einer digitalen Rechenanlage.
Programmierbarer Netzknoten (PNK)		Als Leitungsverzweiger arbeitende DUET abseits einer DVA. Der PNK ist in der Lage Verarbeitungsaufgaben zu übernehmen.
Prozedur	DIN 44 300	Ablauf einer Datenübertragung nach vereinbarten Regeln.
Puffer (buffer)	DIN 44 300	Ein Speicher,der Daten vorübergehend aufnimmt, die von einer Funktionseinheit zu einer anderen übertragen werden.
Punkt-zu-Punkt-Verbindung (point-to-point-connection)		Ist ein Übertragungsweg, der nur zwei Datenstationen miteinander verbindet.
Querparität	NTG 1202	Parität über die Informationsbits eines Zeichens.
Real-Time-System		Rechensystem, das eine kurze, definierte Antwortzeit der DVA voraussetzt.
Realzeitverarbeitung (real time processing)	DIN 44 300	Die in die DVA eingegebenen Daten werden sofort verarbeitet.
Redundanz	DIN 44 301	Weitschweifigkeit bei der Darstellung der Daten, die die Prüfung der Daten ermöglicht.
Respons		Meldung (von Secondary gesendet)
Richtungsbetrieb		Siehe Simplexbetrieb.
Richtungs-Schnellwechsel (fast turn-around)		Ein Verfahren für hdx-Datenverkehr, bei dem der Modem dx-fähig an den Puffer angeschlossen ist, um die Umschaltzeit des Modems von Senden auf Empfang einzusparen.
Rundsendebetrieb		Datenausgabe von einer DVA oder Leitstation an mehrere Datenstationen einer Mehrpunkt-Verbindung.
Schnittstelle	DIN 44 302	Verbindungsstelle zwischen zwei Einrichtungen.
Schritt (signal element)	DIN 44 302	Signal, dessen Dauer gleich dem Intervall eines Kennabschnittes ist.

Fachwort	Definition bei	Erläuterung
Schritt-geschwindigkeit	DIN 44302	Kehrwert des Sollwertes der Schrittdauer (Bd = 1/s).
Schritt-verzerrung	NTG 1202	Abweichung der tatsächlichen Kennzeitpunkte von den Sollzeitpunkten.
Secondary		Folgesteuerung. Sie führt die von der Primary erhaltenen Befehle aus.
Sendeabruf (polling)	DIN 44302	Die von der Leitstation an eine Trabantenstation gerichtete Aufforderung, Daten abzugeben.
Sendestation		Siehe Textsendestation.
Serieüber-tragung	DIN 44302	Die Bits eines Zeichens werden zeitlich nacheinander auf *einer* Leitung oder einem Übertragungskanal übertragen.
Sicherungs-verfahren		Verfahren zur Prüfung von Daten auf ihre Fehlerfreiheit.
Simplex-betrieb sx (simplex)	DIN 44302	Betrieb immer nur in einer Richtung (Sende- oder Empfangsbetrieb).
Standleitung		Eine festgeschaltete Leitung als Übertragungsweg.
Stapelbetrieb, Stapel-verarbeitung (batch processing)	DIN 44300	Verarbeitung einer Vielzahl von Daten in einem Verarbeitungsgang.
Stapelfern-verarbeitung (remote batch processing)		Bearbeitung einer Vielzahl von Daten in einem Verarbeitungsgang unter Benutzung von Übertragungswegen.
Startschritt (start element)	DIN 44302	Das bei der Start-Stop-Übertragung (asynchrone Datenübertragung) jedem zu übertragenden Zeichen vorangesetzte Bit.
Start-Stop-Verfahren		Siehe Asynchronverfahren.
Sternnetz	NTG 1202	Übertragungsnetz mit einer zentralen Vermittlungsstelle und strahlenförmig angeordneten Verbindungen zu den weiteren Vermittlungsstellen.
Stopschritt	DIN 44302	Das bei der Start-Stop-Übertragung (asynchrone Datenübertragung) jedem zu übertragenden Zeichen nachgesetzte Bit.

Fachwort	Definition bei	Erläuterung
Synchron-betrieb	UIT 34.12	Der Gleichlauf wird zu Beginn jeder Sendung hergestellt und während deren Dauer ständig aufrechterhalten.
Synchronisation		Siehe Gleichlaufverfahren.
Teilhaber-Rechensystem		Rechensystem mit mehreren angeschlossenen Terminals eines einzigen Anwenders.
Teilnehmer-Rechensystem (time sharing system)	DIN 44 300	Ein digitales Rechensystem mit mehreren angeschlossenen Benutzerstationen, die unabhängig voneinander gleichzeitig an unterschiedlichen Aufgaben arbeiten können.
Terminal		Siehe Datenstation.
Textblock		Siehe Datenübertragungsblock.
Textempfangs-station (slave station)	DIN 44 302	Eine Datenstation (DSt), die den über eine Fernleitung einlaufenden Text aufnimmt.
Textsendestation (master station)	DIN 44 302	Eine textabgebende Datenstation (DSt).
Time-Sharing-System		Siehe Teilnehmer-Rechensystem
Trabantenstation (tributary station)	DIN 44 302	Jede an einer Mehrpunkt- oder Konzentrator-verbindung betriebene Datenstation (DSt) mit Ausnahme der Leitstation. Trabantenstationen können nur dann Daten aufnehmen oder abgeben, wenn sie dazu von der Leitstation aufgefordert worden sind.
Transfer-geschwindigkeit	DIN 44 302	Die Anzahl der Bits bzw. Zeichen, die im Durchschnitt pro Zeiteinheit übertragen und von der Empfangsstation als brauchbar akzeptiert werden.
Transparenter Modus		Dabei werden in einem bestimmten Coderahmen alle möglichen Bitkombinationen beliebig als Daten übertragen. Ein Steuerzeichen wird durch eine ihm vorangestellte *festgelegte* Bitkombination als solches gekennzeichnet.
Übertragungs-geschwindigkeit	DIN 44 302	Anzahl der übertragenen Bits je Zeiteinheit (b/s).
Übertragungs-verfahren		Es kennzeichnet die zeitliche Anordnung der Bits eines Zeichens auf dem Übertragungsweg (parallel, seriell).

191

Fachwort	Definition bei	Erläuterung
Übertragungswege		Telegrafie-, Fernsprech- und Breitbandwege sowie galvanisch durchgeschaltete Leitungen.
Unbedienter Betrieb		Die Datenstation wird bei Empfang eines Anrufes automatisch an den Übertragungsweg angeschaltet.
Unterstation		Siehe Trabantenstation.
Verbindung (connection)		Ein direkt oder über Vermittlungseinrichtungen bis zu der DEE durchgeschalteter Übertragungsweg.
Vermittlungskriterien		Signale, mit denen Informationen für den Verbindungsaufbau an ein Datennetz gegeben werden und mit denen das Datennetz Informationen über den Stand des Verbindungsaufbaus an die Teilnehmerstellen gibt.
Verzerrung		Siehe Schrittverzerrung.
Vierdraht-Leitung	UIT 02.05	Ein aus 4 Adern bestehender Übertragungsweg.
Vollduplexbetrieb		Siehe Duplexbetrieb.
Vorrechner (VR)		Unmittelbar der ZE vorgeschaltete, programmierbare DUET. Der VR ist in der Lage Verarbeitungsaufgaben zu übernehmen und damit die ZE zu entlasten
Wechselbetrieb		Siehe Halbduplexbetrieb.
Zeichen (character)	DIN 44300	Element zur Darstellung eines Buchstabens, einer Ziffer, eines Sonderzeichens (Interpunktionszeichen) oder eines Steuerzeichens.
Zeichenfehlerhäufigkeit	NTG 1202	Häufigkeit der verfälschten Zeichen.
Zeichenrahmen		Er gibt die Gesamtzahl der Bits an, aus der sich ein Zeichen — einschließlich der Zusatzinformationen — aufbaut. Der Zeichenrahmen umfaßt neben den Informationsbits auch ein evtl. vorhandenes Paritätsbit sowie beim Asynchronbetrieb den Start- und den Stopschritt.
Zentraleinheit, Rechner	DIN 44300	Funktionseinheit innerhalb eines digitalen Rechensystems, welche das Rechenwerk, die Ein/Ausgabewerke und die Zentralspeicher umfaßt.

Fachwort	Definition bei	Erläuterung
Zweidraht-Leitung	UIT 02.04	Ein aus 2 Adern bestehender Übertragungsweg.
Zyklische Blocksicherung	NTG 1202	Sicherungsverfahren, bei dem die einzelnen Bits parallel zur Aussendung und zum Empfang je einem in sich rückgekoppelten Schieberegister eingespeist werden. Nach dem Ende eines jeden Blockes wird die im Schieberegister der Sendestation stehende Information (Blockprüfzeichen) dem Empfänger übermittelt und mit der Information des dortigen Schieberegisters verglichen. Sind die beiden Informationen identisch, so wird der übertragene Block von der Empfangsstation akzeptiert. Fällt der Vergleich der beiden Informationen negativ aus, so zeigt dies an, daß der übertragene Block auf dem Übertragungsweg verfälscht worden ist.

Codes

Doppelt belegte Codes

5-Bit-Codes

Nr. nach CCITT	32	5	28	31	27	20	1	9	14	15	19	18	8	4	12	26	21	3	13	6	7	10	16	23	2	25	11	22	24	30	17	29
Bit-Kombination 1		●					●			●	●			●		●	●			●		●		●	●		●	●	●			●
2			●				●	●				●			●	●	●				●	●		●		●			●	●	●	●
3	○	○	○	○	○	○	○	○	○	○	○	○	○	○	○	○	○	○	○	○	○	○	○	○	○	○	○	○	○	○	○	○
4					●	●		●	●	●		●						●	●	●	●		●				●	●	●	●	●	●
5				●	●	●			●	●	●	●	●	●	●				●	●	●	●	●	●	●	●	●	●		●	●	●
ZSC 3	E	I		ZWR	<	T	A	–	N	Z	S	R	H	✚	Z	L	U	C	M	F	G	J	P	W	B	Y	K	V	X	¨¨¨ l.	Q	¨ A.
	⊙																															
CCITT Nr. 2	E	3		ZWR	<	=	A	⌂	N	% ‰	/	R	*	✚	μ	L	U	M	C	7	U	0	W	3	6	5	(	=	/	¨¨ l.	□	¨¨ A.
	⊙																															
ZSC 2	A	I		ZWR	<	T	A	–	N	9	F	S	G	✚	D	B	O	9	E	U	R	I	T	W	2	0	K	V	X	¨ l.	Q	¨ A.
	⊙																															
Teletype Baudot-Code	E	3		ZWR	<	=	A	–	N	9	O	R	4	✚	$	L	7	C	M	F	&	J	P	W	2	6	K	V	X	¨¨¨ l.	□	¨¨¨ A.
	⊙																															

Legend:

☐ keine Lochung ● Lochung

< Wagenrücklauf 1... Zifferumschaltung A... Buchstabenumschaltung
= Zeilenvorschub

⌂ Klingel ✚ Wer da ?

⊙ Kombination 32 ☐ frei für Sonderzeichen ZWR Zwischenraum

Obere Tabelle

Schriftgruppen Nr.	1	2	3	4	5	6	7	8	9	10	11	12	13	14	15	16	17	18	19	20	21	22	23	24	25	26	27	28	29	30	31	32
Versalien	A	B	C	D	E	F	G	H	I	J	K	L	M	N	O	P	Q	R	S	T	U	V	W	X	Y	Z	Ä	Ö	Ü	?	.	‡
Gemeine	a	b	c	d	e	f	g	h	i	j	k	l	m	n	o	p	q	r	s	t	u	v	w	x	y	z	ä	ö	ü	;	,	‡
																															1	2	3

Bit-Kombination (Zeilen 1–6)

Untere Tabelle

	33	34	35	36	37	38	39	40	41	42	43	44	45	46	47	48	49	50	51	52	53	54	55	56	57	58	59	60	61	62	63	64
	4	5	fi	fl	(	)	–	ch	ck	ß	–	.	,	.	,	ZWR		□	⊞	⊞	∨	⌐	··	···	‖	⫲	↕↕	△	⊥	+	↱	⇅	⊠	≡	⊙
		6	7	8	9	0	:	:	;	;	.	.	,	,																		

Bit-Kombination (Zeilen 1–6)

Legenden:

A.... Versalumschaltung
a.... Gemeineumschaltung
∨ Retour
≡ Blattvorschub

↻ Klingel
↳ Elevator
⊠ Radier
⊙ Lochstreifenvorschub

▽ Stop
↓ Links
+ Mitte
⊤ Rechts

□ Geviert
⊞ Halbgeviert
⊞ Viertelgeviert

∥ Grundschrift
⫲ Auszeichnungsschrift
↕↕ Magazinumschaltung

195

Einfach belegte 6-Bit-Codes

Transcode

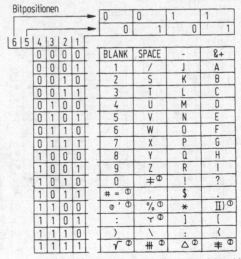

6 5 4 / 3 2 1	0 0	0 1	1 0	1 1
0 0 0 0	SOH	&	-	0
0 0 0 1	A	J	/	1
0 0 1 0	B	K	S	2
0 0 1 1	C	L	T	3
0 1 0 0	D	M	U	4
0 1 0 1	E	N	V	5
0 1 1 0	F	O	W	6
0 1 1 1	G	P	X	7
1 0 0 0	H	Q	Y	8
1 0 0 1	I	R	Z	9
1 0 1 0	STX	SPACE	ESC	SYN
1 0 1 1	.	$	,	#
1 1 0 0	<	*	%	@
1 1 0 1	BEL	US	ENQ	NAK
1 1 1 0	SUB	EOT	ETX	EM
1 1 1 1	ETB	DLE	HT	DEL

BCD-Code

6 5 4 / 3 2 1	0 0	0 1	1 0	1 1
0 0 0 0	BLANK	SPACE	-	&+
0 0 0 1	1	/	J	A
0 0 1 0	2	S	K	B
0 0 1 1	3	T	L	C
0 1 0 0	4	U	M	D
0 1 0 1	5	V	N	E
0 1 1 0	6	W	O	F
0 1 1 1	7	X	P	G
1 0 0 0	8	Y	Q	H
1 0 0 1	9	Z	R	I
1 0 1 0	0	≠②	!	?
1 0 1 1	#=①	,	$	.
1 1 0 0	@'①	%①	*	II)③
1 1 0 1	:	Y②	]	[
1 1 1 0	)	\	;	<
1 1 1 1	√②	##②	△②	≢②

① bedeutet entweder immer das links oder das rechts
angegebene Zeichen
② nicht abdruckbare Steuerzeichen

≠ Satzzeichen	≢ Gruppenmarke
√ Bandmarke	Y Wortbegrenzungs-
△ Veränderungszeichen	zeichen
## Band-Segment-Marke	

CCITT Nr. 5 (ISO 7-Bit)

Bitpositionen

			0	0	0	0	1	1	1	1
			0	0	1	1	0	0	1	1
			0	1	0	1	0	1	0	1

7 6 5	4	3	2	1								
	0	0	0	0	NUL	(TC₇)DLE	SP	0	@ *	P	*	p
	0	0	0	1	(TC₁)SOH	DC1	!	1	A	Q	a	q
	0	0	1	0	(TC₂)STX	DC2	" *	2	B	R	b	r
	0	0	1	1	(TC₃)ETX	DC3	£ *	3	C	S	c	s
	0	1	0	0	(TC₄)EOT	DC4	$ *	4	D	T	d	t
	0	1	0	1	(TC₅)ENQ	(TC₈)NAK	%	5	E	U	e	u
	0	1	1	0	(TC₆)ACK	(TC₉)SYN	&	6	F	V	f	v
	0	1	1	1	BEL	(TC₁₀)ETB	' *	7	G	W	g	w
	1	0	0	0	FE₀(BS)	CAN	(	8	H	X	h	x
	1	0	0	1	FE₁(HT)	EM	)	9	I	Y	i	y
	1	0	1	0	FE₂(LF)	SUB	*	: *	J	Z	j	z
	1	0	1	1	FE₃(VT)	ESC	+	; *	K	([) *	k	*
	1	1	0	0	FE₄(FF)	IS₄(FS)	,	<	L	*	l	*
	1	1	0	1	FE₅(CR)	IS₃(GS)	-	=	M	(]) *	m	*
	1	1	1	0	SO	IS₂(RS)	.	>	N	^ *	n	- *
	1	1	1	1	SI	IS₁(US)	/	?	O	_	o	DEL

DIN 66003

Bitpositionen

			0	0	0	0	1	1	1	1
			0	0	1	1	0	0	1	1
			0	1	0	1	0	1	0	1

7 6 5	4	3	2	1								
	0	0	0	0	NUL	(TC 7)DLE	SP	0	@ (§)*	P	' *	p
	0	0	0	1	(TC1)SOH	DC1	!	1	A	Q	a	q
	0	0	1	0	(TC2)STX	DC2	"	2	B	R	b	r
	0	0	1	1	(TC3)ETX	DC3	#(£)*	3	C	S	c	s
	0	1	0	0	(TC4)EOT	DC4	$	4	D	T	d	t
	0	1	0	1	(TC5)ENQ	(TC8)NAK	%	5	E	U	e	u
	0	1	1	0	(TC6)ACK	(TC9)SYN	&	6	F	V	f	v
	0	1	1	1	BEL	(TC10)ETB	'	7	G	W	g	w
	1	0	0	0	FE 0(BS)	CAN	(	8	H	X	h	x
	1	0	0	1	FE 1(HT)	EM	)	9	I	Y	i	y
	1	0	1	0	FE 2(LF)	SUB	*	:	J	Z	j	z
	1	0	1	1	FE 3(VT)	ESC	+	;	K	[(Ä)*	k	{(ä)*
	1	1	0	0	FE 4(FF)	IS 4(FS)	,	<	L	\(Ö)*	l	|(ö)*
	1	1	0	1	FE 5(CR)	IS 3(GS)	-	=	M	](Ü)*	m	}(ü)*
	1	1	1	0	SO	IS 2(RS)	.	>	N	^ *	n	‾(ß)*
	1	1	1	1	SI	IS 1(US)	/	?	O	_	o	DEL

USASCII

Bitpositionen

7 6 5 4		000	001	010	011	100	101	110	111
	4 3 2 1								
0 0 0 0		NUL	DLE	SP	0	@*	P	'**	p
0 0 0 1		SOH	DC1	!	1	A	Q	a	q
0 0 1 0		STX	DC2	" *	2	B	R	b	r
0 0 1 1		ETX	DC3	# *	3	C	S	c	s
0 1 0 0		EOT	DC4	$	4	D	T	d	t
0 1 0 1		ENQ	NAK	%	5	E	U	e	u
0 1 1 0		ACK	SYN	&	6	F	V	f	v
0 1 1 1		BEL	ETB	' *	7	G	W	g	w
1 0 0 0		BS	CAN	(	8	H	X	h	x
1 0 0 1		HT	EM	)	9	I	Y	i	y
1 0 1 0		LF	SUB	*	:	J	Z	j	z
1 0 1 1		VT	ESC	+	;	K	[*	k	{ *
1 1 0 0		FF	FS	, *	<	L	\ *	l	¦ *
1 1 0 1		CR	GS	–	=	M	] *	m	} *
1 1 1 0		SO	RS	.	>	N	^ *	n	‾ *
1 1 1 1		SI	US	/	?	O	_	o	DEL

198

8-Bit-Codes

EBCDIC

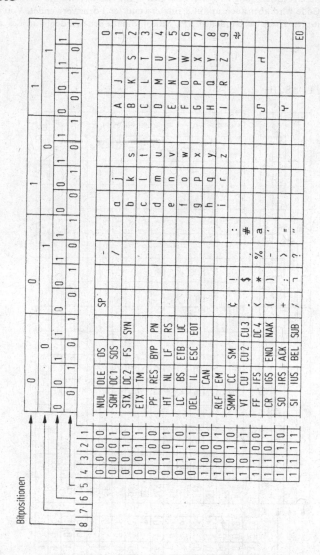

USASCII-8-Bit-Code

Der einfache USASCII-Code ist bereits bei den 7-Bit-Codes erwähnt worden. Der USASCII-Code wird aber auch in auf 8 Bits erweiterter Form verwendet. Von den beim erweiterten Code vorhandenen 256 Bitkombinationen werden nur 128 ausgenutzt.

Erweiterter USASCII

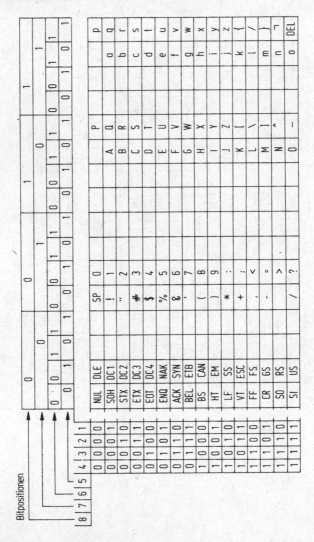

Die Aufstockung des USASCII-7-Bit-Codes in den USASCII-8-Bit-Code geschieht nach folgendem Schema:

| 7 | 6 | 5 | 4 | 3 | 2 | 1 | Bitpositionen im USASC II 7-Bit-Code |

| 8 | 7 | 6 | 5 | 4 | 3 | 2 | 1 | Bitpositionen im USASC II 8-Bit-Code (erweiterter USASC II) |

Zusammenstellung der Geräte- und Übertragungssteuerzeichen

Kurzzeichen	Englische Benennung	Deutsche Benennung (nach DIN 66003)
ACK	Acknowledgement	Positive Rückmeldung
BEL	Bell	Klingel
BS	Backspace	Rückwärtsschritt
BYP	Bypass	
CAN	Cancel	Ungültig
CC	Cursor Control	
CR	Carriage Return	Wagenrücklauf
CU	Customer Use	
DC1	Device Control 1	Gerätesteuerung 1
DC2	Device Control 2	Gerätesteuerung 2
DC3	Device Control 3	Gerätesteuerung 3
DC4	Device Control 4	Gerätesteuerung 4
DEL	Delete	Löschen
DLE	Data Link Escape	DÜ-Umschaltung
DS	Digit Select	
EM	End of Medium	Ende der Aufzeichnung
ENQ	Enquiry	Stationsaufforderung
EO	Eight ones	Acht Einsen Kombination
EOB	End of Block	Ende des DÜ-Blocks
EOT	End of Transmission	Ende der Übertragung
ESC	Escape	Umschaltung
ETB	End of Transmission Block	
ETX	End of Text	Ende des Textes
FE	Format Effector	Formatsteuerung
FF	Form Feed	Formular-Vorschub
FS	Field Separator (EBCDIC)	
FS	File Separator (CCITT-Code Nr. 5 u.ä.)	Hauptgruppen-Trennung
GS	Group Separator	Gruppen-Trennung
HT	Horizontal Tabulation	Horizontal-Tabulator
IFS	Inf. Field Separator	
IGS	Inf. Group Separator	
IL	Idle	
IRS	Inf. Record Separator	

Kurzzeichen	Englische Benennung	Deutsche Benennung (nach DIN 66003)
IS	Inf. Separator	Informationstrennung
IUS	Inf. Unit Separator	
LC	Lower Case	
LF	Line Feed	Zeilenvorschub
NAK	Negative Acknowledgement	Negative Rückmeldung
NL	New Line	
NUL	Null	Nil (Nichts)
PF	Punch Off	
PN	Punch On	
PRE	Prefix (or ESC, Escape)	
RES	Restore	
RLF	Reverse Line Feed	
RS	Reader Stop (EBCDIC)	
RS	Record Separator (CCITT-Code Nr. 5 u. ä.)	Untergruppen-Trennung
SI	Shift In	Rückschaltung
SM	Set Mode	
SMM	Start of Manual Message	
SO	Shift Out	Dauerumschaltung
SOH	Start of Heading	Anfang des Kopfes
SOS	Start of Significance	
SP	Space	Zwischenraum
SPA	Space	
STX	Start of Text	Anfang des Textes
SUB	Substitution	Substitution
SYN	Synchronous Idle	Synchronisierung
TC	Transmission Control	Übertragungssteuerung
UC	Upper Case	
US	Unit Separator	Teilgruppen-Trennung
VT	Vertical Tabulation	Vertikal-Tabulator

Abkürzung von Zeichen und Zeichenfolgen, die bei der DÜ zusätzlich noch verwendet werden

Kurzzeichen	Englische Benennung	Deutsche Benennung
AD	Address	
ADA		Adresse der Trabantenstation (Ausgabegerät)
ADE		Adresse der Trabantenstation (Eingabegerät)
ADR		Adresse des Eingabegerätes
BCC	Block Check Character	Blockprüfzeichen
BCS	Block Check Sequence	zyklisches Blockprüfzeichen
EOM	End of Message	Ende der Nachricht
FCS	Frame Check Sequence	zyklisches Blockprüfzeichen
ID	Identification	Identifikation

ITB	End of Intermediate Transmission Block	Ende des Textabschnittes
RVI	Reverse Interrupt	Übernahme der Initiative
SOM	Start of Message	Anfang der Nachricht
TRLR	Tape Trailer	Lochstreifenendezeichen
TTD	Temporary Text Delay	Vorübergehend nicht sendebereit
WABT	Wait Before Transmit	Vorübergehend nicht empfangsbereit
WACK	Wait Before Transmit. Positive Acknowledgement	Vorübergehend nicht empfangsbereit Positive Quittung

CCITT-V.24-Empfehlung: Liste der Definitionen für Schnittstellenleitungen zwischen Datenendeinrichtung und Datenübertragungseinrichtung

Bezeichnung nach

DIN 66020 (FNI)		CCITT - V.24	
Schutzerde	E1	Protective ground	101
Signalerde	E2	Signal ground or common return	102
Signalerde für V.10		Signal ground or common return f. V.10	102a
Signalerde für V.11		Signal ground or common return f. V.11	102b
Sendedaten	D1	Transmitted Data	103
Empfangsdaten	D2	Received Data	104
Sendeteil einschalten	S2	Request to send	105
Sendebereitschaft	M2	Ready for sending	106
Betriebsbereitschaft	M1	Data set ready	107
Übertragungsleitung anschalten	S1.1	Connect data set to line	108/1
DE-Einrichtung betriebsbereit	S1.2	Data terminal ready	108/2
Empfangssignalpegel	M5	Data channel received line signal detector	109
Empfangsgüte	M6	Signal quality detector	110
Hohe Übertrag.-geschwind. einschalten	S4	Data signalling rate selector (DTE)	111
Hohe Übertragungsgeschwindigkeit	M4	Data signalling rate selector (DCE)	112
Sendeschrittakt zur DÜ-Einrichtung	T1	Transmitter signal element timing (DTE)	113
Sendeschrittakt von d. DÜ-Einrichtung	T2	Transmitter signal element timing (DCE)	114
Empf.-Schrittakt von d. DÜ-Einrichtung	T4	Receiver Signal element timing (DCE)	115
Ersatzbetrieb einschalten	S8	Select standby	116
Ersatzbetrieb	M8	Standby indicator	117
Hilfskanal-Sendedaten	HD1	Transmitted backward channel data	118
Hilfskanal-Empfangsdaten	HD2	Received backward channel data	119
Hilfskanal-Sendeteil einschalten	HS2	Transmit backward channel line signal	120
Hilfskanal-Sendebereitschaft	HM2	Backward channel ready	121
Hilfskanal-Empfangssignalpegel	HM5	Backw. chan. received line signal detector	122
Hilfskanal-Empfangsgüte	HM6	Backw. chan. signal quality detector	123
Alle Frequenzgruppen benutzen	S3	Select frequency groups	124
Ankommender Ruf	M3	Calling indicator	125
Hohe Sendefrequenzlage einschalten	S5	Select transmit frequency	126
Niedr. Empf.-Frequenzlage einschalten	S6	Select received frequency	127
Empf.-Schrittakt zur DÜ-Einrichtung	T3	Receiver Signal element timing (DTE)	128
Empfangsteil einschalten	S11	Request to receive	129
Bestätigungston senden	S9	Transmit backward tone	130
Empfangsseitige Abtastmarkierung	T5	Received character timing	131
Datenbetrieb ablösen	S10	Return to non-data mode	132
Empfangsdaten abrufen	S7	Ready for receiving	133
Empfangsdaten-Kennzeichnung	M7	Received data present	134
Anzeige Prüfschleife		Test indicator	142
Gesendete Sprachantwort	A1	Transmitted voice answer	191
Empfangene Sprachantwort	A2	Received voice answer	192

Datenendeinrichtung DEE — Data Terminal Equipment DTE

Datenübertragungseinrichtung DÜE — Data Circuit-Terminating Equipment DCE

In den jeweiligen Datenend- und Datenübertragungseinrichtungen wird meist nur eine Teilmenge der eben angegebenen Schnittstellenleitungen verwendet.

In den abgekürzten Bezeichnungen der deutschen Norm bedeuten E = Endleitungen, D = Datenleitungen, S = Steuerleitungen, M = Meldeleitungen, T = Taktleitungen, H = Hilfskanalleitungen und A = Leitungen für Sprachantwort.

Die CCITT-Empfehlung V.24 beinhaltet auch die Definitionen der Schnittstellenleitungen für den Anschluß einer AWD.

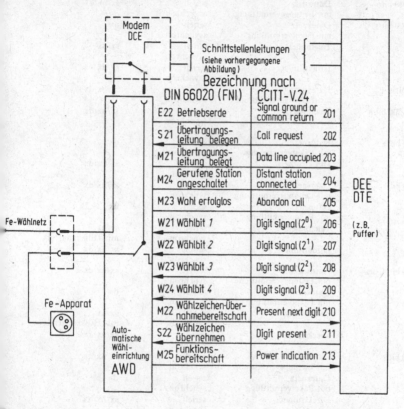

Verbindung einer Automatischen Wähleinrichtung mit einer Datenendeinrichtung

Übersicht über die Möglichkeiten der Dateldienste

Übertragungs-geschwindigkeit	Bezeichnung des öffentlichen Netzes	Übertragungs-verfahren	Betriebs-verfahren*)
bis 50 bit/s	Direktrufnetz	seriell asynchron	sx/hx/dx
50 bit/s	Telexnetz	seriell asynchron	sx/hx
bis 200 bit/s	Datexnetz mit Leitungsvermittlung	seriell asynchron	sx/hx/dx
bis 300 bit/s	Datexnetz mit Paketvermittlung	seriell asynchron	dx
	Telefonnetz	seriell asynchron	sx/dx
	Direktrufnetz	seriell asynchron	sx/dx
300 bit/s	Datexnetz mit Leitungsvermittlung	seriell asynchron	sx/hx/dx
bis 1 200 bit/s	Telefonnetz	seriell asynchron	sx/hx/dx
1 200 bit/s	Datexnetz mit Paketvermittlung	seriell asynchron	dx
	Direktrufnetz	seriell synchron	sx/hx/dx
2 400 bit/s	Datexnetz mit Leitungsvermittlung	seriell synchron	sx/hx/dx
	Datexnetz mit Paketvermittlung	seriell synchron	dx
	Telefonnetz	seriell synchron	sx/hx mit Hilfskanal: dx
	Direktrufnetz	seriell synchron	sx/hx/dx
4 800 bit/s	Datexnetz mit Leitungsvermittlung	seriell synchron	sx/hx/dx
	Datexnetz mit Paketvermittlung	seriell synchron	dx
	Telefonnetz	seriell synchron	sx/hx mit Hilfskanal: dx
	Direktrufnetz	seriell synchron	sx/hx/dx
9 600 bit/s	Datexnetz mit Leitungsvermittlung	seriell synchron	sx/hx/dx
	Datexnetz mit Paketvermittlung	seriell synchron	dx
	Direktrufnetz	seriell synchron	sx/hx/dx
48 00 bit/s	Datexnetz mit Paketvermittlung	seriell synchron	dx
	Direktrufnetz	seriell	sx/dx
10 Zeichen/s	Telefonnetz	parallel	sx
20/40 Zeichen/s	Telefonnetz	parallel	sx mit Rückkanal: hx

*) sx = Simplex   **) Zutreffend für 95 v. H. der untersuchten Verbindungen.
  hx = Halbduplex
  dx = Duplex

durchschnittl. Bit-Fehlerwahrscheinlichkeit	Leitungsabschluß	Bemerkungen
etwa 10^{-6}	posteigenes Datenanschlußgerät — soweit erforderlich —	
1 bis $10 \cdot 10^{-6}$	vom Teilnehmer beigestellte Endeinrichtung	nur mit 5-Bit-Codes, vorzugsweise CCITT-Alphabet Nr. 2
$2 \cdot 10^{-6**})$	posteigenes Datenfernschaltgerät	
etwa 10^{-6}	posteigenes Datenanschlußgerät	über Anpassungseinrichtung (PAD) nach CCITT-Empfehlung X.3/X.28
$5 \cdot 10^{-5**})$	posteigener Modem	
etwa 10^{-6}	posteigenes Datenanschlußgerät	
etwa 10^{-6}	posteigenes Datenfernschaltgerät	CCITT-Alphabet Nr. 5 mit 11 Bits/Zeichen
$2 \cdot 10^{-4**})$	posteigener Modem	Auf Wunsch mit schmalem Hilfskanal für 75 bit/s bzw. mit Taktgeber für Synchronübertragung
etwa 10^{-6}	posteigenes Datenanschlußgerät	über Anpassungseinrichtung (PAD) nach CCITT-Empfehlung X.3/X.28
etwa 10^{-6}	posteigenes Datenanschlußgerät	Auf Wunsch mit Asynchron/Synchron-Umsetzer für Asynchronübertragung
etwa 10^{-5}	posteigenes Datenfernschaltgerät	besondere Leistungen (z. B. Direktruf, Kurzwahl) verfügbar
[1])	posteigenes Datenanschlußgerät	Schnittstelle nach CCITT-Empfehlung X.25 und ggf. X.29
$2 \cdot 10^{-4**})$	posteigener Modem	Auf Wunsch mit schmalem Hilfskanal für 75 bit/s
etwa 10^{-6}	posteigenes Datenanschlußgerät	
etwa 10^{-5}	posteigenes Datenfernschaltgerät	besondere Leistungen (z. B. Direktruf, Kurzwahl) verfügbar
[1])	posteigenes Datenanschlußgerät	Schnittstelle nach CCITT-Empfehlung X.25 und ggf. X.29
etwa 10^{-4}	posteigener Modem	
etwa 10^{-6}	posteigenes Datenanschlußgerät	
etwa 10^{-5}	posteigenes Datenfernschaltgerät	besondere Leistungen (z. B. Direktruf, Kurzwahl) verfügbar
[1])	posteigenes Datenanschlußgerät	Schnittstelle nach CCITT-Empfehlung X.25 und ggf. X.29
etwa 10^{-6}	posteigenes Datenanschlußgerät	
[1])	posteigenes Datenanschlußgerät	Schnittstelle nach CCITT-Empfehlung X.25 und ggf. X.29
etwa 10^{-6}	grundsätzlich posteigene, übergangsweise private Datenübertragungseinrichtung	
fehlerfrei**)	posteigener Modem	Rückkanal mit voller Bandbreite für Sprachübertragung oder Quittungssignale
fehlerfrei**)	posteigener Modem	Rückkanal mit 5 bit/s oder mit voller Bandbreite für Sprachübertragung

[1]) Durch die Verwendung des HDLC-Steuerungsverfahrens ergibt sich eine resultierende Bit-Fehlerwahrscheinlichkeit von etwa 10^{-9} auf Ebene 2 nach CCITT-Empfehlung X.25.

Lösungen der Aufgaben

Lösung 2.1

Unter Datenfernverarbeitung (Dfv) versteht man die Übertragung von Daten über größere Entfernungen mit nachfolgender Verarbeitung der Daten durch eine Datenverarbeitungsanlage (DVA). Die Zusammenfassung von Datenfernübertragung (DÜ) und Datenverarbeitung wird als Dfv bezeichnet.

Lösung 2.2

Der Dialogbetrieb dient dem sofortigen Informationsaustausch zwischen Mensch und Rechner.

Lösung 2.3

Ausgehend von der DVA ist zwischen der Texteingabe-Richtung und der Textausgabe-Richtung zu unterscheiden.

Lösung 2.4

Bei der indirekten Dfv (Off-line-Betrieb) besteht im Gegensatz zur direkten Dfv (On-line-Betrieb) keine unmittelbare Verbindung zwischen Außenstelle (AST) und Rechner.

Lösung 2.5

Die Grundelemente der Datenverarbeitung sind Software und Hardware.

Lösung 3.1

Bei der Lösung dieser Aufgabe (Bild A.1) ist vor allem die unterschiedliche Art der Buchungsmitteilung an die Zentrale zu beachten. Die AST 1 sendet einmal am Tag eine große Datenmenge, nämlich alle Tagesbuchungen, und benötigt daher eine Stapelstation, während die AST 2 jeweils nur kleine Datenmengen, nämlich Einzelbuchungen, transferiert und infolgedessen eine Dialogstation erhält.

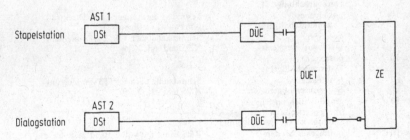

Bild A.1. Zu Lösung 3.1

Lösung 3.2

Die Übertragungsgeschwindigkeit beträgt $3\,600$ bit/3 s $= 1\,200$ bit/s.

208

Lösung 3.3

Die Informationsrichtung legt man vom Rechner ausgehend fest. Aus diesem Grunde ist bei einer Texteingabe die AST die textsendende Station.

Lösung 3.4

Die Datenübertragungseinheit (DUET) dient der Steuerung der Datenübertragung (DÜ).

Lösung 3.5

Bei der Texteingabe durchläuft die Information die einzelnen Elemente des Dfv-Systems wie folgt:

DEG → DUSTA → Schnittstelle → DÜE → Fernleitung → DÜE → Schnittstelle → DUET → ZE.

Lösung 3.6

Die drei Betriebsarten heißen:

Richtungsbetrieb (simplex = sx),
Wechselbetrieb (halbduplex = hx),
Gegenbetrieb (vollduplex = dx).

Lösung 3.7

Während Geräte der Lokal-Peripherie (externe Elemente der DVA) über vieladrige Standard-Anschlußkabel mit der Zentraleinheit (ZE) verbunden sind, muß man zum Anschluß der Fern-Peripherie (DEG) aus Kostengründen adernsparende Methoden anwenden.

Lösung 4.1

Im On-line-Betrieb ist DVA-seitig *kein* Datenträger zwischengeschaltet.

Lösung 4.2

Dialogbetrieb	Stapelbetrieb
Datensichtstation	Magnetbandstation
kleine Datenmenge	große Datenmenge
Sofortverarbeitung	Zwischenspeicherung

Lösung 4.3

Betriebsart	
simplex	Daten können ausschließlich von der AST zum Verarbeitungsort bzw. ausschließlich vom Verarbeitungsort zur AST übertragen werden
halbduplex	Daten können abwechselnd in *beiden* Richtungen übertragen werden
vollduplex	Daten können gleichzeitig in beiden Richtungen übertragen werden

Zur Verbindung von Datenstationen (DSt) gibt es die Festverbindung (auch Standverbindung genannt) (Bild A.2) — deren Leitungen festgeschaltet sind — und die Wählverbindung (Bild A.3) — deren Leitungen in der Vermittlungsstelle je nach Wunsch zu einem im entsprechenden Wählnetz integrierten Teilnehmer durchgeschaltet werden.

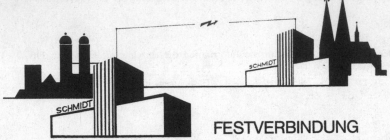

Bild A.2. Zu Lösung 4.4

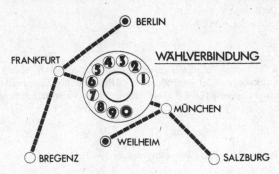

Bild A.3. Zu Lösung 4.4

Der Betrag „ +805,61 DM" ist in Bild A.4 im ZSC 2 dargestellt.

1...	+	ZWR	8	0	5	,	6	1	A...	ZWR	D	M
●			●	●			●	●			●	●
●			●	●	●						●	
	●			●	●	●	●	●	●		●	
	●	●	●	●		●			●		●	
●	●	●	●	●		●			●			

Bild A.4. Zu Lösung 4.5

* Ebenso richtig ist es, wenn die beiden Stellen „Buchstabenumschaltung" (A...) und „Zwischenraum" (ZWR) in der Reihenfolge gegeneinander vertauscht sind, da die Kombinationen für das Zeichen „Zwischenraum" auf der Buchstabenseite wie auf der Zifferseite dieselbe ist und damit dasselbe bewirkt.

Lösung 4.6

Die Standleitung weist gegenüber einer Wählverbindung zwei wesentliche Vorteile auf. Dies sind:

größere Betriebssicherheit, da mechanische Durchschaltkontakte fehlen;

die Standleitung steht dem Anwender immer zur Verfügung; die Phase des Verbindungsaufbaus, wie sie bei einer Wählverbindung notwendig ist, entfällt.

Lösung 4.7

Ein Mehrpunkt-Übertragungssystem beinhaltet eine *Leitstation* und zwei oder mehr Trabantenstationen.

Lösung 4.8

Das Teilnehmer-Rechensystem (Time-Sharing-System) ist ein Dv-System, welches vielen verschiedenen Anwendern mit unterschiedlichen Aufgaben den Zugriff zu einer gemeinsamen DVA gestattet.

Lösung 5.1

Eine textsendende Station ist eine Datenquelle.
Eine textempfangende Station ist eine Datensenke.

Lösung 5.2

Die Bitsynchronisation dient der Festlegung des richtigen Bitübernahmezeitpunktes (Übertragungsweg → Schieberegister).
Die Zeichensynchronisierung bestimmt den Zeichenübernahmezeitpunkt (Schieberegister → Datenregister).

Lösung 5.3

Eine Übertragungsprozedur ist der standardisierte Ablauf einer DÜ. Ihr liegen Regeln und Vereinbarungen zugrunde, die zwischen der Sende- und der Empfangsstation bestehen.

Lösung 5.4

Die drei wichtigsten Prozedurgruppen sind:

gesicherte Stapel- und Dialogprozeduren,
Dialogprozedur für Anfrage-Antwort-Betrieb,
Dialogprozedur mit freilaufender Ausgabe.

Lösung 5.5

Die Übertragung der Zeichen auf Telegrafieleitungen geschieht mit Hilfe des Einfach- oder Doppelstromverfahrens.

Lösung 5.6

a) Organisationsprogramm
   Übersetzungsprogramme
   Dienstprogramme
   Datenfernverarbeitungssystem
b) siehe Bild A.5.

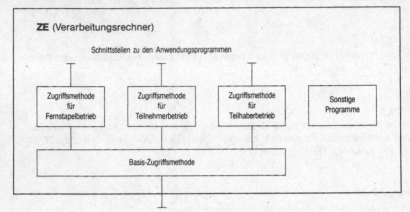

Bild A.5. Komponenten der Dfv-Software im Verarbeitungsrechner

Lösung 5.7

stapelbetrieb	wählverbindung
off-line-betrieb	asynchron
fernsprechleitung	real-time-system
trabantenstation	einfachstrombetrieb

Lösung 5.8

a) Die Bitsynchronisation bestimmt den Übernahmezeitpunkt jedes einzelnen Bits in das Schieberegister.
b) Die Zeichensynchronisation faßt die Bits zusammen, die ein Zeichen bilden.
c) Mit Hilfe der Blocksynchronisation wird Beginn und Ende eines Blockes festgelegt.

Lösung 6.1
Siehe Bild A.6

Lösung 7.1

Einlaufende Zeichen werden der DEE über die Leitung D2 (Empfangsdaten) zugeführt.

212

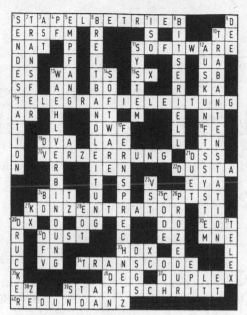

Bild A.6. Zu Lösung 6.1

Lösung 7.2

Die DÜE erhält die auszusendenden Zeichen über die Schnittstellenleitung 103 (Sendedaten).

Lösung 7.3

Von mehreren an einer DUSTA angeschlossenen DEG kann immer nur ein einziges DEG zu einem bestimmten Zeitpunkt eine DÜ durchführen.

Lösung 7.4

Bei einer DUET mit Schwerpunkt DUST beinhaltet die DUST je PF ein Datenregister, ein Schieberegister und einen Kennwertbereich. Bei 48 anschließbaren PF sind es also 48 Datenregister, 48 Schieberegister und 48 Kennwertbereiche. Allen PF gemeinsam ist bei dieser DUET eine einzige Ablaufsteuerung.

Lösung 7.5

Bei einer DUET mit Schwerpunkt PF beinhaltet jeder PF seine eigene Ablaufsteuerung. Bei 30 PF sind das 30 Ablaufsteuerungen.

Lösung 7.6

Siehe Bild A.7

Lösung 7.7

Die Basic-Mode-Prozeduren MSV 1 und MSV 2 sind bei synchroner Datenübertragung, die Prozeduren LSV 1 und LSV 2 bei asynchroner Datenübertragung einsetzbar.

213

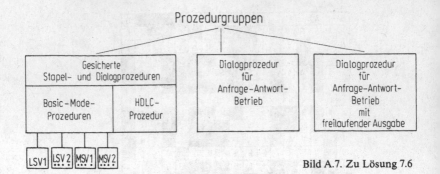

Bild A.7. Zu Lösung 7.6

Lösung 7.8

| | Basic-Mode-Prozeduren | |
	Variante 1	Variante 2
Berechtigung zur Einleitung einer DÜ (Initiative)	*DVA* (Leitstation)	DVA und AST (*Textsendestation*)
Netzkonfiguration	Konzentrator- und *Mehrpunktverbindung*	*Punkt-zu-Punkt-* Verbindung

Lösung 7.9

Bei den 6-Bit-, 7-Bit- und 8-Bit-Codes werden folgende — der Blockbegrenzung dienende — Übertragungssteuerzeichen angewandt:

Blockanfang → STX (start of text),
Blockende wenn nicht letzter Block → ETB (end of transmission block),
Blockende wenn letzter Block → ETX (end of text).

Lösung 7.10

Je sicherer ein Übertragungsweg ist, desto *länger* können die Datenblöcke sein.

Lösung 8.1

„Gut"-Quittung.
Das von der Textsendestation erhaltene und das in der Empfangsstation gebildete Blockprüfzeichen sind gleich. Es ist auch kein Zeichenparitätsfehler aufgetreten. Die Empfangsstation antwortet mit *ACK 0* oder *ACK 1*.

Lösung 8.2

Ein Querparitätsfehler oder ein BCC-Fehler führen zur Quittierung mit *NAK*.

Lösung 8.3

Sowohl die Kreuzsicherung als auch die zyklische Blocksicherung können bei den 6-Bit-, 7-Bit- und 8-Bit-Codes angewandt werden.

Lösung 8.4

Da die LSV 2-Prozedur im Asynchronbetrieb arbeitet, wird die Empfangsstation mit Hilfe des jedem Zeichen vorangehenden Startschrittes synchronisiert. Daher werden hier keine Synchronisationszeichen (SYN) gebraucht (Bild A.8).

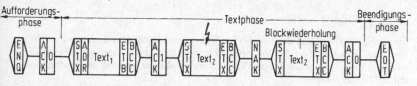

Bild A.8. Zu Lösung 8.4

Lösung 8.5

Würde den „Gut"-Quittungen keine Laufnummer beigegeben, so könnte die Textsendestation nicht erkennen, ob sich die Quittung auf den letzten oder den *vorletzten* Block bezieht. Bei einer Verfälschung des Blockanfangszeichens STX hätte dies — bei Nichtverwendung von Laufnummern — einen Block*verlust* zur Folge.

Lösung 8.6

Siehe Bild A.9.

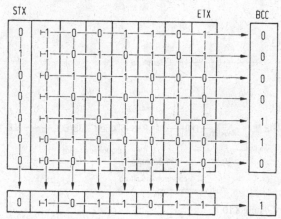

Bild A.9. Zu Lösung 8.6

Lösung 8.7

Die LSV 2-Prozedur unterscheidet sich von der MSV 2-Prozedur nur durch das Gleichlaufverfahren. Während die LSV 2 bei Asynchronbetrieb (Start-Stop-Betrieb) verwendet werden kann, ist die MSV 2-Prozedur nur bei Synchronbetrieb einsetzbar.

Lösung 8.8
Siehe Bild A.10.

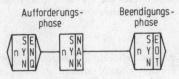

Bild A.10. Zu Lösung 8.8

Lösung 8.9
Eine ausgeschaltete DSt zeigt keinerlei Reaktionen. Nach dem einleitenden ENQ versucht die sendewillige Station noch dreimal eine Antwort von der Gegenstelle zu bekommen. Verläuft auch der 4. Versuch ergebnislos, so beendet die Sendestation mit EOT (Bild A.11).

Während der Zeit $T_1 = 3\,\text{s}$ wird vergeblich auf die Bereitschaftsmeldung (ACK 0) gewartet.

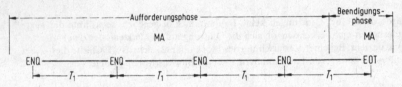

Bild A.11. Zu Lösung 8.9

Lösung 8.10
Siehe Bild A.12.

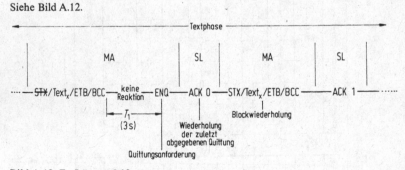

Bild A.12. Zu Lösung 8.10

Lösung 8.11
Siehe Bild A.13.
Ist es auch beim 4. Versuch (3. Wiederholung) nicht möglich, ein und denselben Block fehlerfrei zu übermitteln, so wird die DÜ durch die Textsendestation abgebrochen (EOT).

216

Bild A.13. Zu Lösung 8.11

Lösung 9.1

Bei Telegrafieleitungen werden AST-seitig Fernschaltgeräte (FGt) eingesetzt.

Lösung 9.2

Bei Telegrafieleitungen oder galvanisch durchgeschalteten Leitungen werden DVA-seitig Datenanschlußsätze (D-An) oder Gleichstrom-Datenübertragungseinrichtungen für niedrige Sendespannung (GDN) eingesetzt.

Lösung 9.3

Im Direktrufnetz werden Datenanschlußgeräte (DAG) eingesetzt.

Lösung 9.4

Da den Geschwindigkeitsangaben die Zeiteinheit s (Sekunde) zugrunde liegt, ist zunächst zu ermitteln, wie viele Zeichen in einer Sekunde übertragen worden sind:

$$\frac{40}{2} \frac{\text{Zeichen}}{s} = 20 \frac{\text{Zeichen}}{s}$$

Bei der Parallel-Übertragung wird zur Aussendung eines Zeichens nur ein einziger Schritt benötigt. Demzufolge ist hier die Schrittgeschwindigkeit gleich der Anzahl der pro Sekunde übertragbaren Zeichen:

Schrittgeschwindigkeit: 20 Bd.

Die Übertragungsgeschwindigkeit gibt an, wie viele Bits pro Zeiteinheit übertragen worden sind. Wenn in einer Sekunde 20 Zeichen zu je 7 Bit übertragen werden, so ist die Übertragungsgeschwindigkeit das Produkt dieser beiden Zahlen:

Übertragungsgeschwindigkeit: $20 \cdot 7 = 140$ bit/s

Lösung 9.5

Siehe Bild A.14.

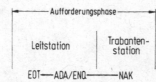

Bild A.14. Zu Lösung 9.5

Lösung 9.6
Siehe Bild A.15.

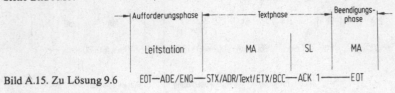

Bild A.15. Zu Lösung 9.6   EOT—ADE/ENQ—STX/ADR/Text/ETX/BCC—ACK 1———EOT

Lösung 9.7

Basic-Mode-Prozedur	MSV 1	MSV 2	LSV 1	LSV 2
Berechtigung zum Beginn der Übertragung (Initiative)	Leitstation	*Textsende-station* (MA)	*Leitstation*	Textsende-station (MA)
Netz-konfiguration	Mehrpunkt-und Konzentrator-verbindungen	*Punkt-zu Punkt-Verbindung*	Mehrpunkt-und Konzentrator-verbindungen	*Punkt-zu-Punkt-Verbindung*
Übertragungs-weg	Stand-leitungen	Stand- und Wähl-verbindungen	Stand-leitungen	Stand- und Wähl-verbindungen
Gleichlauf-verfahren	*synchron*		*asynchron*	
Daten-sicherung	Zeichenparität, Blockparität, Kreuzsicherung (Zeichen- und Blockparität), zyklische Blocksicherung		Zeichenparität, Blockparität, Kreuzsicherung (Zeichen- und Blockparität)	
Informations-fluß	halbduplex (hdx)			
Übertragungs-code	6-Bit-Transcode, ISO-7-Bit-Code (CCITT Nr. 5), USASCII (7-Bit- und 8-Bit-Code), EBCDIC			

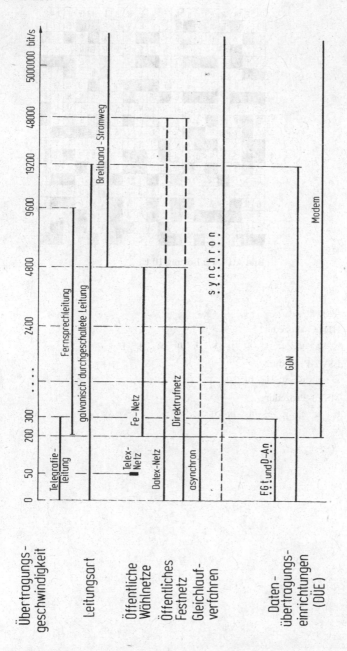

Lösung 10.1

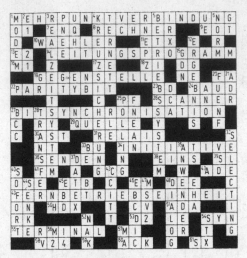

Bild A.17. Zu Lösung 10.1

Lösung 11.1

HDLC-Prozedur:

b, c, d, e, f, h, j, k, l, n, o, q, r.

LSV2-Prozedur:

a, c, e, g, i, m, q, r.

MSV1-Prozedur:

b, c, f, g, i, n, p, q.

220

Sachverzeichnis

W. Jordan, D. Sahlmann, H. Urban

Strukturierte Programmierung

Einführung in die Methode und ihren praktischen Einsatz zum Selbststudium
2., überarbeitete Auflage. 1984. Mit zahlreichen unnummerierten Abbildungen.
Etwa 250 Seiten. ISBN 3-540-13095-0
In Vorbereitung

Inhaltsübersicht: Hinweise zum Selbststudium. – Einführung. – Methode der Strukturierten Programmierung. – Darstellungsmittel für die Strukturierte Programmierung. – Umsetzung des Entwurfs in Primärcode. – Beispiele und Übungen zur Strukturierten Programmierung. – Strukturierte Programmierung und Software-Entwicklung. – Sachregister.

R. Alletsee, H. Jung, G. Umhauer

Assembler I

Ein Lernprogramm
Mit einem Geleitwort von K. Zuse
Berichtigter Nachdruck der 3., völlig neubearbeiteten Auflage. 1981. Mit über
170 Abbildungen und Formularen und 85 Aufgaben. XI, 133 Seiten. DM 23,80
(Heidelberger Taschenbücher, Band 140)
ISBN 3-540-09204-8

Inhaltsübersicht: Grundlagen-Test. – Einführung. – Programmentstehung. – Stufen zum Programmlauf. – Makroaufrufe. – Vergleichs- und Sprungbefehle. – Assemblerprotokoll und Dump. – Das wohlstrukturierte Assemblerprogramm. – Lösungen. – Anhang. – Sachverzeichnis.

R. Alletsee, H. Jung, G. Umhauer

Assembler II

Ein Lernprogramm
Mit einem Geleitwort von K. Zuse
Berichtigter Nachdruck der 3., völlig neubearbeiteten Auflage. 1981. Mit über 250 Abbildungen und Formularen und 83 Aufgaben. XI, 152 Seiten
(Heidelberger Taschenbücher, Band 141)
DM 24,80. ISBN 3-540-09205-6

Inhaltsübersicht: Relative Adressierung. – Die Programmierung der Ein-/Ausgabe. – Einführung in die Befehlsliste. – Anwendungsfall am Beispiel eines Lohnabrechnungsprogramms. – Lösungen. – Anhang. – Sachverzeichnis.

R. Alletsee, H. Jung, G. Umhauer

Assembler III

Ein Lernprogramm
Mit einem Geleitwort von K. Zuse
Berichtigter Nachdruck der 3., völlig neubearbeiteten Auflage. 1981. Mit über 300 Abbildungen und Formularen und 60 Aufgaben. XII, 172 Seiten
(Heidelberger Taschenbücher, Band 142)
DM 25,80. ISBN 3-540-09206-4

Inhaltsübersicht: Festpunktarithmetik mit Registerbefehlen. – Festpunktarithmetik mit RX-Befehlen. – Adressenrechnung. – Spezielle Befehle. – Lösungen. – Anhang. – Sachverzeichnis.

H. Kramer

Assembler IV

Supplement zum Lernprogramm
2., verbesserte Auflage. 1982. 207 Abbildungen und Formulare. XII, 143 Seiten
(Heidelberger Taschenbücher, Band 189)
DM 25,80. ISBN 3-540-11300-2

Inhaltsübersicht: Runden und Erweitern von Rechenergebnissen. – Druckaufbereitung. – Steuern des Schnelldruckers. – Unterprogrammtechnik. – Verschiebebefehle. – Tabellenverarbeitung. – Logische Verknüpfungen. – Umsetzen und Testen von Datenfeldern. – Modifiziertes Ausführen von Befehlen – der EX-Befehl. – Fehlersuche im Programm mit Hilfe eines Hauptspeicherabzuges. – Codier-Praktikum. – Anhang. – Sachverzeichnis.

Springer-Verlag
Berlin
Heidelberg
New York
Tokyo